油气管道工程项目依法合规建设指南

北京兴油工程项目管理有限公司 编著

石油工业出版社

内容提要

依法合规建设是依法治国的重要部分，工程项目依法合规建设意义重大，能预防事故纠纷，提升质量效益。油气管道工程因手续烦琐等特点，依法合规建设管理迫在眉睫。本书围绕油气管道工程前期、实施、验收、后评价等四个阶段，阐述了依法合规手续办理的前置条件、流程等内容。

本书可供从事油气管道工程项目管理、建设相关工作的人员参考。

图书在版编目（CIP）数据

油气管道工程项目依法合规建设指南 / 北京兴油工程项目管理有限公司编著. —北京：石油工业出版社，2025.4. —ISBN 978-7-5183-7403-8

Ⅰ.TE973-62

中国国家版本馆 CIP 数据核字第 2025KC3362 号

出版发行：石油工业出版社

（北京安定门外安华里2区1号楼　100011）

网　　址：www.petropub.com

编辑部：（010）64523655　图书营销中心：（010）64523633

经　　销：全国新华书店

印　　刷：北京中石油彩色印刷有限责任公司

2025年4月第1版　2025年4月第1次印刷

787×1092毫米　开本：1/16　印张：10.25

字数：200千字

定价：50.00元

（如出现印装质量问题，我社图书营销中心负责调换）

版权所有，翻印必究

《油气管道工程项目依法合规建设指南》

编委会

主　　任：李广超

副 主 任：成　波

编　　委：杨占东　刘育峰　梁　峰　杨　成　杨保增
　　　　　秦星宾　李宏鑫

编写组

主　　编：赵　良

副 主 编：周邦国

成　　员：张成宇　宋世豪　唐世刚　吴军时　刘　朝
　　　　　文利豪　郭精学　邱英龙　曹世敏　张　强
　　　　　段宏亮　曹晓军　胡紫维　李松坡　黄华伦
　　　　　郭盛统　赵　博　罗　继　吴　超　张海奎
　　　　　管加州　胡泽华　于　微　高　亮　齐奂超
　　　　　苗淑伟　袁泽浩　王承堃　张　伟　丛嘉男
　　　　　石　川　张静宇　高铭骏　盛　苗　阎丹丹
　　　　　黄晓宁　苏金文　贺国勇　齐广运　丛　飞

前言

依法合规建设是依法治国的微观基础和重要组成部分。工程项目依法合规建设，是在进行工程项目的设计、施工、验收等各个阶段遵守相关法律法规、规范和标准，确保项目的合法性、规范性和安全性。合规的实施不仅有助于预防事故和纠纷的发生，也能提高项目的质量和效益，保护环境，促进可持续发展。

油气管道工程作为线性工程，具有手续烦琐、程序复杂、协调难度大等特点，项目未依法合规建设，轻者可能受到经济处罚以及面临停工整改，重者可能需要拆除恢复，不但造成不必要的经济损失，还影响工期。因此，油气管道工程建设项目依法合规建设管理已经成为刻不容缓的课题。

本书从前期、实施、验收、后评价等四个阶段对油气管道工程建设项目依法合规手续办理的前置条件、内容、流程、周期、建设单位及地方政府主管部门职责，以及违反法律法规情况的风险提示等方面进行描述，形成油气管道工程项目依法合规建设指南，为油气管道工程项目依法合规建设提供科学有效、操作性强的参考，提高工程建设各方人员对依法合规管理的认识，提升工程建设项目管理水平，降低工程建设项目违规风险。

由于编者水平有限，书中如有不妥之处，请各位读者多提宝贵意见！项目具体手续办理需与相应主管部门沟通。

目录

第一章 项目前期阶段 … 1

- 第一节 前期地方报批报建 … 2
- 第二节 专项评价及专项评估 … 3
- 第三节 用地预审与选址意见书 … 31
- 第四节 用海预审 … 35
- 第五节 海域使用权证书 … 37
- 第六节 项目核准 … 41
- 第七节 项目备案 … 44
- 第八节 项目审批 … 45

第二章 项目实施阶段 … 49

- 第一节 安全设施设计审查 … 50
- 第二节 消防设计审查 … 54
- 第三节 雷电防护装置设计审核 … 56
- 第四节 建设用地规划许可证 … 58
- 第五节 建设工程规划许可证 … 60
- 第六节 建筑工程施工许可证 … 63
- 第七节 不动产权登记证 … 65
- 第八节 临时用地许可 … 69
- 第九节 土地复垦 … 71
- 第十节 质量监督申报 … 73
- 第十一节 压力管道监检 … 76
- 第十二节 林木采伐许可证 … 78
- 第十三节 通过军事管理区许可 … 81

  第十四节 通过环境敏感区许可 …………………………………… 82

  第十五节 通过矿产区许可 ………………………………………… 84

  第十六节 通过文物保护范围和建设控制地带区许可 ………… 85

  第十七节 通过草原/草场许可 …………………………………… 87

  第十八节 房屋征收补偿协议 ……………………………………… 89

  第十九节 水域穿越许可 …………………………………………… 91

  第二十节 公路穿越许可 …………………………………………… 95

  第二十一节 铁路穿越许可 ………………………………………… 97

  第二十二节 穿越地下管道、电/光缆等许可 …………………… 99

  第二十三节 爆破许可 ……………………………………………… 101

  第二十四节 弃渣许可/协议 ……………………………………… 103

  第二十五节 取水许可及打井许可 ………………………………… 104

  第二十六节 避免危害气象探测环境许可 ………………………… 107

  第二十七节 特种设备安装告知 …………………………………… 110

  第二十八节 特种设备安装监督检验 ……………………………… 111

  第二十九节 特种设备使用登记 …………………………………… 113

  第三十节 试生产（使用）方案备案 ………………………………… 115

第三章 项目验收阶段 …………………………………………………… 119

  第一节 雷电防护装置验收 ………………………………………… 120

  第二节 消防验收 …………………………………………………… 123

  第三节 环境保护验收 ……………………………………………… 125

  第四节 安全设施验收 ……………………………………………… 127

  第五节 水土保持验收 ……………………………………………… 130

  第六节 职业病防护设施验收 ……………………………………… 132

  第七节 档案验收 …………………………………………………… 136

  第八节 竣工验收 …………………………………………………… 138

第四章 项目后评价阶段 …………………………………………………… 141

  第一节 项目后评价 ………………………………………………… 142

  第二节 环境影响后评价 …………………………………………… 146

附录 相关法律法规 …………………………………………………………… 149

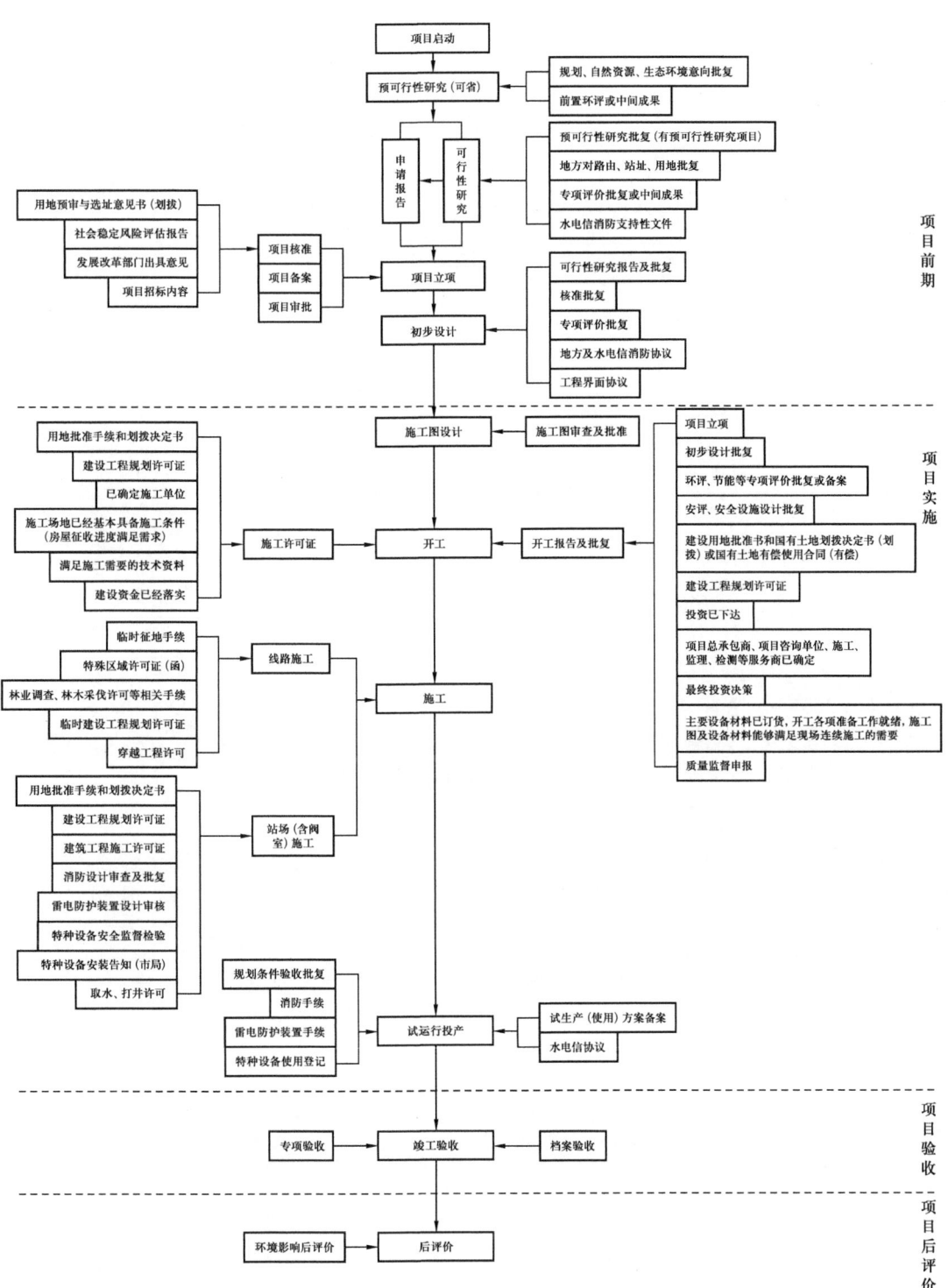

项目全过程依法合规建设流程示意图

第一章
项目前期阶段

第一节 前期地方报批报建

油气管道工程项目前期地方报批报建一般包括路由走向、站场（含阀室）选址、供配电、给排水、消防报批等，主要目的是确定项目走向方案及选址，为项目核准提供支持，是启动、完成项目核准中的规划选址、用地预审的前置条件，是完成（预）可行性研究、初步设计的需要。

一、前置条件

前期地方报批报建的前置条件主要包括中华人民共和国国家发展和改革委员会（简称国家发改委）或所在省发展和改革委员会（简称省发改委）出具同意建设项目开展前期工作的函（"路条"）以及项目统一代码（部分地区实行网上申请及办公，项目通过平台首次办理审批事项时，平台自动赋予统一代码，该代码是项目从申报至竣工验收全生命周期的唯一身份标识，一项一码。项目取得代码即表示地方同意项目开展前期工作，不再需要另外申请）。

二、职责

由建设单位上报材料并提出申请，地方省、市、县（区）的自然资源（和规划）、生态环境、水利、文物、交通运输、林业和草原、铁路、高速、军事等部门组织审查，并出具可行或不可行的意向性意见或初步审查意见。

三、内容及一般流程

1. 内容

管道建设项目地方报批内容及深度在不同阶段要求有所不同，具体包括下面两个方面。

（1）（预）可行性研究阶段。一般包括管道涉及省、市、县（区）的自然资源（和规划）、生态环境、水利、文物、交通运输、林业和草原、铁路、高速、军事等相关部门的初步意见、支持性文件或合同协议。

（2）初步设计阶段。一般包括管道涉及省、市、县（区）的自然资源（和规划）、生态环境、水利、文物、交通运输、林业和草原、铁路、高速、军事等部门的报批。需要获得地方自然资源部门出具的站场（含阀室）以及管道路由用地和规划许可；签订站场（含阀室）供水、供电、供气、通信及供热等外部所需的意向协议获得铁路、公路、河流、军事、林业和草原穿越位置的许可文件。

2. 一般流程

（预）可行性研究和初步设计阶段的报批过程类似，各部门审批流程也类似。一般是建设单位直接将申请函及附件报送至相关主管部门，由主管部门进行讨论、研究，对照其辖区内具体情况，判断是否符合要求。若符合相关要求，则出具核发函件；若不符合相关要求，则提出修改、调整意见，由建设单位组织进行方案调整后再次上报，直到符合地方要求为止。

基建项目前期地方报批报建工作流程如图 1-1 所示。

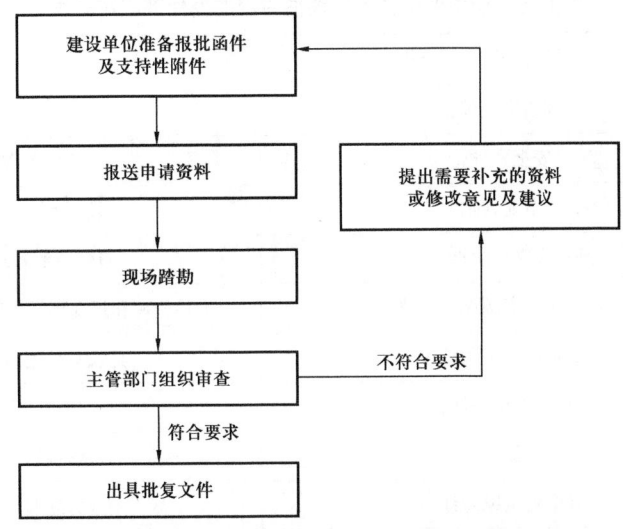

图 1-1 基建项目前期地方报批报建工作流程示意图

四、办理周期

项目启动至核准之前，一般需要 9～18 个月。

五、风险提示

若未取得相关主管部门意见，项目选址或选线、项目建设条件、要素保障分析等方面存在风险。

第二节 专项评价及专项评估

管道建设项目专项评价及专项评估一般包括：环境影响评价、安全预评价、节能评估、地质灾害危险性评估、压覆矿产资源调查评估、职业病危害预评价、地震安全性评价、水土保持方案、社会稳定风险评估、防洪（洪水）影响评价、航道通航条件影响评价、林业调查、文物考古调查等，以及针对穿越南水北调、古迹、敏感区等特殊区域开展的专题评价或报告等。

近年来,随着中央政府简政放权、优化服务改革工作不断推进,目前环境影响评价编制主持人应具备环境影响评价工程师职业资格,安全预评价、地质灾害危险性评估、水土保持方案、文物考古调查单位应具备国家或行业颁发的相应资质,其他专项评价单位例如节能评估、职业病危害预评价、地震安全性评价等已无资质要求,在开展工作过程中,建设单位可结合实际情况委托具有资质/技术能力的单位开展评价工作。

不同的评价审批部门不同,专项评价及专项评估对应的办理部门见表1-1。

表1-1 专项评价及专项评估对应的办理部门统计表

序号	专项评价及专项评估	办理部门
1	环境影响评价	生态环境部门
2	安全预评价	应急管理部门
3	节能评估	发展和改革委员会
4	地质灾害危险性评估	自然资源和规划部门
5	压覆矿产资源调查评估	自然资源和规划部门(地质矿产主管部门)
6	职业病危害预评价	建设单位上级部门备案
7	地震安全性评价	地震主管部门
8	水土保持方案	水行政主管部门
9	社会稳定风险评估	地方政府或发改委
10	防洪(洪水)影响评价	水行政主管部门
11	航道通航条件影响评价	交通运输主管部门或航道管理机构
12	林业调查	林业主管部门
13	文物考古调查	文物主管部门
14	特殊区域穿越专项评估	管理区主管部门

一、环境影响评价

环境影响评价是指对规划和建设项目实施后可能造成的环境影响进行分析、预测和评估,提出预防或者减轻不良环境影响的对策和措施,进行跟踪监测的方法与制度,《中华人民共和国环境保护法》规定:"建设对环境有影响的项目,应当依法进行环境影响评价。"

1. 前置条件

环境影响评价是建设项目选址(选线)、布局和确定建设规模的依据,是(预)可行性研究、初步设计、项目开工建设的前置条件,是项目后评价的依据。环境影响评价报告一般在(预)可行性研究阶段开展,与(预)可行性研究报告相互影响,以(预)可行性研究报告或中间成果为基础进行编制，其前置条件主要包括（预）可行性研究报告或中间成果以及前期地方相关部门报批批复文件（非必要）。

2. 职责

1）建设单位

建设单位应组织环境影响评价单位现场探勘，收集项目资料，根据评价单位梳理成果，调整、优化建设项目的选址（选线）、布局和建设规模，并与评价单位、项目（预）可行性研究编制单位一同开展并取得地方生态环境部门批复意见或签订通过协议。建设单位在报告完成后组织对报告进行初步审查，通过后向生态环境部门申请审查，并按照审查意见组织评价单位修改完善。

建设单位应当按照下列规定组织编制环境影响报告书、环境影响报告表或者填报环境影响登记表（以下统称环境影响评价文件）。

（1）可能造成重大环境影响的，应当编制环境影响报告书，对产生的环境影响进行全面评价。

（2）可能造成轻度环境影响的，应当编制环境影响报告表，对产生的环境影响进行分析或者专项评价。

（3）对环境影响很小、不需要进行环境影响评价的，应当填报环境影响登记表。

由中华人民共和国生态环境部制定并公布的《建设项目环境影响评价分类管理名录（2021版）》中规定，原油、成品油、天然气管线（不含城市天然气管线；不含城镇燃气管线；不含企业厂区内管道）涉及环境敏感区的建设项目需要编制建设项目环境影响报告书，其他建设项目需要编制建设项目环境影响报告表。环境敏感区的含义详见《建设项目环境影响评价分类管理名录》。

2）评价单位

评价单位在接到建设单位编制任务后，根据（预）可行性研究报告或中间成果对其选址、设计、施工等过程，特别是运营和生产阶段可能带来的环境影响进行预测和分析，提出相应的防治措施，为项目选址、设计及建成投产后的环境管理提供科学依据。经建设单位初步审查后，与其一同向生态环境部门提出审查申请，接受审查并按照审查意见修改完善。

3）审批主管部门

接到建设单位审查申请后，按照时限要求组织专家对评价报告进行审查，对审查结果进行公示，通过后出具批复文件。

3. 内容及一般流程

1）内容

建设单位应委托具有资质的单位编制环境影响报告书、环境影响报告表或者填报环境影响登记表。建设单位具备环境影响评价技术能力的，可以自行对其建设项目开展环境影响评价，编制建设项目环境影响报告书、环境影响报告表。

建设项目的环境影响评价文件未依法经审批部门审查或者审查后未予批准的，建设单位不得开工建设。

2）一般流程

基建项目环境影响评价办理一般流程如图1-2所示。

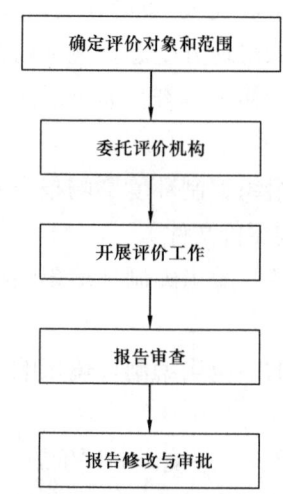

图1-2　基建项目环境影响评价办理一般流程示意图

4. 办理周期

自委托具有资质的评价单位开始收集资料、编制报告、修改完善到获得批复，根据审批部门级别不同，一般需要6～12个月。

5. 风险提示

（1）《中华人民共和国环境保护法》（2015年1月1日实施）。

第六十一条　建设单位未依法提交建设项目环境影响评价文件或者环境影响评价文件未经批准，擅自开工建设的，由负有环境保护监督管理职责的部门责令停止建设，处以罚款，并可以责令恢复原状。

第六十三条（节选）　企业事业单位和其他生产经营者有下列行为之一，尚不构成犯罪的，除依照有关法律法规规定予以处罚外，由县级以上人民政府环境保护主管部门或者其他有关部门将案件移送公安机关，对其直接负责的主管人员和其他直接责任人员，处十日以上十五日以下拘留；情节较轻的，处五日以上十日以下拘留：

（一）建设项目未依法进行环境影响评价，被责令停止建设，拒不执行的；

（二）违反法律规定，未取得排污许可证排放污染物，被责令停止排污，拒不执行的；

（2）《中华人民共和国环境影响评价法》（2018年12月29日实施）。

第三十一条（节选） 建设单位未依法报批建设项目环境影响报告书、报告表，或者未依照本法第二十四条的规定重新报批或者报请重新审核环境影响报告书、报告表，擅自开工建设的，由县级以上生态环境主管部门责令停止建设，根据违法情节和危害后果，处建设项目总投资额百分之一以上百分之五以下的罚款，并可以责令恢复原状；对建设单位直接负责的主管人员和其他直接责任人员，依法给予行政处分。建设项目环境影响报告书、报告表未经批准或者未经原审批部门重新审核同意，建设单位擅自开工建设的，依照前款的规定处罚、处分。建设单位未依法备案建设项目环境影响登记表的，由县级以上生态环境主管部门责令备案，处五万元以下的罚款。

（3）《建设项目环境保护管理条例》（2017年10月1日实施）。

第二十二条 违反本条例规定，建设单位编制建设项目初步设计未落实防治环境污染和生态破坏的措施以及环境保护设施投资概算，未将环境保护设施建设纳入施工合同，或者未依法开展环境影响后评价的，由建设项目所在地县级以上环境保护行政主管部门责令限期改正，处5万元以上20万元以下的罚款；逾期不改正的，处20万元以上100万元以下的罚款。违反本条例规定，建设单位在项目建设过程中未同时组织实施环境影响报告书、环境影响报告表及其审批部门审批决定中提出的环境保护对策措施的，由建设项目所在地县级以上环境保护行政主管部门责令限期改正，处20万元以上100万元以下的罚款；逾期不改正的，责令停止建设。

第二十三条 违反本条例规定，需要配套建设的环境保护设施未建成、未经验收或者验收不合格，建设项目即投入生产或者使用，或者在环境保护设施验收中弄虚作假的，由县级以上环境保护行政主管部门责令限期改正，处20万元以上100万元以下的罚款；逾期不改正的，处100万元以上200万元以下的罚款；对直接负责的主管人员和其他责任人员，处5万元以上20万元以下的罚款；造成重大环境污染或者生态破坏的，责令停止生产或者使用，或者报经有批准权的人民政府批准，责令关闭。违反本条例规定，建设单位未依法向社会公开环境保护设施验收报告的，由县级以上环境保护行政主管部门责令公开，处5万元以上20万元以下的罚款，并予以公告。

二、安全预评价

安全预评价是指在建设项目（预）可行性研究阶段或生产经营活动组织实施之前，根据相关的基础资料，辨识与分析建设项目、生产经营活动潜在的危险、有害因素，确定其与安全生产法律法规、标准、行政规章、规范的符合性，预测发生事故的可能性及其严重程度，提出科学、合理、可行的安全对策措施建议，作出安全评价结论的活动。《中华人民共和国安全生产法》规定，矿山、金属冶炼建设项目和用于生产、储存、装卸危险物品的建设项目（包括使用油气管道输送危险化学品），应当按照国家有关规定进行安全评价。

1. 前置条件

安全预评价一般在（预）可行性研究阶段开展，与（预）可行性研究报告相互影响。安全预评价是建设项目选址（选线）、布局和确定建设规模的依据，是项目（预）可行性研究、安全设施设计、项目开工建设的前置条件，其前置条件主要包括（预）可行性研究报告或中间成果以及前期地方相关部门报批批复文件（非必要）。

2. 职责

1）建设单位

建设单位应组织安全评价单位现场探勘，收集项目资料，根据评价单位梳理成果，调整、优化建设项目的选址（选线）、布局和建设规模，并与评价单位、项目（预）可行性研究编制单位一同开展并取得地方自然资源、生态环境等主管部门批复意见或签订通过协议。建设单位在报告完成后组织对报告进行初步审查，通过后负责向应急管理部门申请审查，并按照审查意见组织评价单位修改完善相关内容。

2）评价单位

评价单位在接到建设单位编制任务后，参与建设项目的选址（选线）、布局和建设规模制定，根据初选方案，梳理安全影响因素，从安全影响角度提出项目建设的建议和意见。报告经建设单位初步审查后，与其一同向应急管理部门提出审查申请，接受审查并按照审查意见修改完善。

3）审批主管部门

接到建设单位审查申请后，按照时限要求组织专家对评价报告进行审查，通过后出具批复文件。

3. 内容及一般流程

1）内容

用于生产、储存、装卸危险物品的建设项目，应当按照国家有关规定进行安全预评价。安全评价应在建设项目进行（预）可行性研究时同步进行。

安全预评价是完成安全设施设计的前置条件，建设项目安全设施必须与主体工程同时设计，同时施工，同时投入生产和使用。安全设施投资应当纳入建设项目概算。

安全评价程序包括前期准备，危险、有害因素辨识与分析，评价单元划分，评价方法选择，定性、定量评价，安全条件分析，提出安全对策建议，得出安全评价结论，编制安全评价报告等。

2）一般流程

专项评价一般流程基本类似，一般为先委托具有资质的评价单位进行论证评价，完成评价后进行初步审查，通过后上报主管部门审查批复。

4. 办理周期

自委托具有资质的评价单位开始收集资料、编制报告、优化完善到获得批复，根据审批部门级别不同，一般需要 6~9 个月。

5. 风险提示

（1）《中华人民共和国安全生产法》（2021年9月1日实施）。

第九十八条 生产经营单位有下列行为之一的，责令停止建设或者停产停业整顿，限期改正，并处十万元以上五十万元以下的罚款，对其直接负责的主管人员和其他直接责任人员处二万元以上五万元以下的罚款；逾期未改正的，处五十万元以上一百万元以下的罚款，对其直接负责的主管人员和其他直接责任人员处五万元以上十万元以下的罚款；构成犯罪的，依照刑法有关规定追究刑事责任：

（一）未按照规定对矿山、金属冶炼建设项目或者用于生产、储存、装卸危险物品的建设项目进行安全评价的；

（二）矿山、金属冶炼建设项目或者用于生产、储存、装卸危险物品的建设项目没有安全设施设计或者安全设施设计未按照规定报经有关部门审查同意的；

（三）矿山、金属冶炼建设项目或者用于生产、储存、装卸危险物品的建设项目的施工单位未按照批准的安全设施设计施工的；

（四）矿山、金属冶炼建设项目或者用于生产、储存、装卸危险物品的建设项目竣工投入生产或者使用前，安全设施未经验收合格的。

（2）《建设项目安全设施"三同时"监督管理办法》（2015年5月1日实施）。

第二十八条 生产经营单位对本办法第七条第（一）项、第（二）项、第（三）项和第（四）项规定的建设项目有下列情形之一的，责令停止建设或者停产停业整顿，限期改正；逾期未改正的，处50万元以上100万元以下的罚款，对其直接负责的主管人员和其他直接责任人员处2万元以上5万元以下的罚款；构成犯罪的，依照刑法有关规定追究刑事责任：

（一）未按照本办法规定对建设项目进行安全评价的；

（二）没有安全设施设计或者安全设施设计未按照规定报经安全生产监督管理部门审查同意，擅自开工的；

（三）施工单位未按照批准的安全设施设计施工的；

（四）投入生产或者使用前，安全设施未经验收合格的。

三、节能评估

节能评估是通过掌握工作生产中能源消耗的种类和数量，分析项目的能耗水平及其生产用能效率，评价能源利用的合理性、节能措施的可行性、工艺技术的先进性、合理利用能源和节能方案的可靠性,并根据促进技术进步的原则提出改进意见,以达到合理利用能源和节约能源的目的。根据《国家发展改革委关于印发〈不单独进行节能审查行业目录〉的通知》(发改环资规〔2017〕1975号),输油/输气管网行业不单独进行节能审查,建设单位可在项目可行性研究报告或项目申请报告中对项目能源利用情况、节能措施情况和能效水平进行分析。实际工作中,应结合当地的政策要求决策是否开展节能评估工作。

1. 前置条件

节能评估一般在(预)可行性研究阶段开展,与(预)可行性研究报告相互影响。节能评估是确定项目走向方案、选址及建设方案的需要,是项目(预)可行性研究、初步设计批复、节能专篇设计、项目开工建设的前置条件,其前置条件主要包括(预)可行性研究报告或中间成果以及前期地方相关部门报批批复文件(非必要)。

2. 职责

1)建设单位

建设单位可委托具有资质的节能评估单位开展工作,根据评价单位梳理成果,调整、优化建设项目的选址(选线)、布局和建设规模,以满足评价要求。建设单位在报告完成后组织对报告进行初步审查,通过后负责向节能审查机关申请审查,并按照审查意见组织评价单位修改完善相关内容。

2)评价单位

评价单位在接到建设单位编制任务后,参与建设项目的选址(选线)、布局和建设规模制定,根据初选方案,梳理节能影响因素,从节能影响角度提出项目建设的建议和意见。报告经建设单位初步审查后,与其一同向节能审查机关提出审查申请,接受审查并按照审查意见修改完善。

3)审批主管部门

接到建设单位审查申请后,按照时限要求组织专家对评价报告进行审查,通过后出具批复文件。

3. 内容及一般流程

1)内容

国家实行固定资产投资项目节能评估和审查制度。不符合强制性节能标准的项目,建设单位不得开工建设;已经建成的,不得投入生产、使用。

固定资产投资项目节能审查意见是项目开工建设、竣工验收和运营管理的重要依据。政府投资项目,建设单位在报送项目可行性研究报告前,需取得节能审查机关出具的节能审查意见。企业投资项目,建设单位需在开工建设前取得节能审查机关出具的节能审查意见。未按本办法规定进行节能审查，或节能审查未通过的项目，建设单位不得开工建设，已经建成的不得投入生产、使用。

2）一般流程

专项评价一般流程基本类似，一般为先委托具有资质的评价单位进行论证评价，完成评价后进行初步审查，通过后上报节能审查机关审查批复。

4.办理周期

自委托具有资质的评价单位开始收集资料、编制报告、优化完善到获得批复，根据审批部门级别不同，一般需要3~6个月。

5.风险提示

（1）《中华人民共和国节约能源法》（2018年10月26日实施）。

第六十八条　负责审批政府投资项目的机关违反本法规定，对不符合强制性节能标准的项目予以批准建设的，对直接负责的主管人员和其他直接责任人员依法给予处分。

固定资产投资项目建设单位开工建设不符合强制性节能标准的项目或者将该项目投入生产、使用的，由管理节能工作的部门责令停止建设或者停止生产、使用，限期改造；不能改造或者逾期不改造的生产性项目，由管理节能工作的部门报请本级人民政府按照国务院规定的权限责令关闭。

（2）《固定资产投资项目节能审查办法》（2023年6月1日实施）。

第二十三条　对未按本办法规定进行节能审查，或节能审查未获通过，擅自开工建设或擅自投入生产、使用的固定资产投资项目，由节能审查机关责令停止建设或停止生产、使用，限期整改，并对建设单位进行通报批评，视情节处10万元以下罚款。经节能审查机关认定完成整改的项目，节能审查机关可依据实际情况出具整改完成证明。不能整改或逾期不整改的生产性项目，由节能审查机关报请本级人民政府按照国务院规定的权限责令关闭，并依法追究有关责任人的责任。

四、地质灾害危险性评估

地质灾害危险性评估是指在地质灾害易发区进行工程建设或者编制地质灾害易发区内的国土空间规划时，对建设工程或者规划区遭受山体崩塌、滑坡、泥石流、地面塌陷、地裂缝、地面沉降等地质灾害的可能性和建设工程引发地质灾害的可能性作出评估，提出具体预防治理措施的活动。为了防治地质灾害，避免和减轻地质灾害造成的损失，维护人民生命和财产安全，《地质灾害防治条例》规定："在地质灾害易发区内进行工程建设应当在可行性研究阶段进行地质灾害危险性评估。"

1. 前置条件

地质灾害危险性评估是确定项目走向方案、选址及建设方案的需要，是项目（预）可行性研究及项目开工建设的前置条件，其前置条件主要包括（预）可行性研究报告或中间成果以及地方前期相关部门批复文件。

2. 职责

1）建设单位

建设单位应委托具有资质的评估单位开展工作，根据评价单位梳理成果，调整、优化建设项目的选址（选线）、布局和建设规模，以满足评价要求。建设单位在报告完成后组织对报告进行初步审查及专家审查，并按照审查意见组织评价单位修改完善相关内容。

2）评估单位

评估单位接到建设单位的任务后开展评估工作，应参与建设项目的选址（选线）、布局制定，根据初选方案，梳理管道沿线地质灾害影响情况，从地质灾害影响角度提出项目建设的建议和意见。报告编制完成后，经建设单位初步审查及专家审查，并按照审查意见修改完善。

3. 内容及一般流程

1）内容

在地质灾害易发区内进行工程建设应当在（预）可行性研究阶段进行地质灾害危险性评估，并将评估结果作为（预）可行性研究报告的组成部分；（预）可行性研究报告未包含地质灾害危险性评估结果的，不得批准其（预）可行性研究报告。

对经评估认为可能引发地质灾害或者可能遭受地质灾害危害的建设工程，应当配套建设地质灾害治理工程。地质灾害治理工程的设计、施工和验收应当与主体工程的设计、施工、验收同时进行。配套的地质灾害治理工程未经验收或者经验收不合格的，主体工程不得投入生产或者使用。

2）一般流程

专项评价一般流程基本类似，一般为先委托具有资质的评价单位进行论证评价，完成评价后进行初步审查，通过后上报主管部门初步审查，主管部门组织专家评审并取得专家意见。地质灾害危险性评估工作现由建设单位自行组织。

4. 办理周期

自委托具有资质的评价单位开始收集资料、编制报告、优化完善到完成评估工作，一般需要5~7个月。

5. 风险提示

《地质灾害防治条例》(2004年3月1日实施)。

第四十一条 违反本条例规定，建设单位有下列行为之一的，由县级以上地方人民政府国土资源主管部门责令限期改正；逾期不改正的，责令停止生产、施工或者使用，处10万元以上50万元以下的罚款；构成犯罪的，依法追究刑事责任：

（一）未按照规定对地质灾害易发区内的建设工程进行地质灾害危险性评估的；

（二）配套的地质灾害治理工程未经验收或者经验收不合格，主体工程即投入生产或者使用的。

五、压覆矿产资源调查评估

压覆矿产资源调查评估是指对建设铁路、公路、工厂、水库、城市水源地、通信线路、输油（气）管道、输电线路、大型建筑物或者建筑群等建设项目压覆矿产资源情况进行评估，评估有助于确定资源的潜在价值、开发难度和风险，从而为资源的合理开发和管理提供决策依据。《中华人民共和国矿产资源法》规定："在建设铁路、工厂、水库、输油管道、输电线路和各种大型建筑物或者建筑群之前，建设单位必须向所在省、自治区、直辖市地质矿产主管部门了解拟建工程所在地区的矿产资源分布和开采情况。"

1. 前置条件

压覆矿产资源调查评估是项目依法合规建设及验收的需要，是建设项目选址（选线）、布局的依据，是签订矿产压覆赔偿通过协议、项目开工建设的前置条件，其前置条件主要包括（预）可行性研究报告或中间成果以及前期地方相关部门报批批复文件。

2. 职责

1）建设单位

建设单位可委托具有资质的评价单位开展工作，根据评价单位梳理成果，调整、优化建设项目的选址（选线）、布局和建设规模，以满足评价要求。建设单位在报告完成后组织对报告进行初步审查，通过后负责向自然资源部门申请审查，并按照审查意见组织评价单位修改完善相关内容。

2）评价单位

评价单位接到建设单位的任务后开展评价工作，应参与建设项目的选址（选线）、布局制定，根据初选方案，到项目所在地省、市梳理和查询项目涉及矿区的情况，从压覆矿产影响角度提出建设项目的建议和意见，并协助与矿权人签订通过协议，提供技术支持。报告编制完成后，经建设单位初步审查，与其一同向审批主管部门提出审查申请，接受主管部门审查，并按照审查意见修改完善。

3）审批主管部门

接到建设单位审查申请后，按照时限要求组织专家对相应报告进行审查，通过后出具批复文件。

3. 内容及一般流程

1）内容

建设项目选址前，建设单位应向所在省、自治区、直辖市地质矿产主管部门查询拟建项目所在地区的矿产资源规划、矿产资源分布和矿业权设置情况。不压覆重要矿产资源的，由所在省、自治区、直辖市地质矿产主管部门出具未压覆重要矿产资源的证明；确需压覆重要矿产资源的，建设单位根据有关工程建设规范确定建设项目压覆重要矿产资源的范围，委托具有相应地质勘查资质的单位编制建设项目压覆重要矿产资源评估报告。非经国务院授权的部门批准，建设项目不得压覆重要矿产。

2）一般流程

专项评价一般流程基本类似，一般为先委托具有资质的评价单位进行论证评价，完成评价后进行初步审查，通过后上报主管部门初步审查，主管部门组织专家评审并取得专家意见。

4. 办理周期

自委托具有资质的评价单位开始收集资料、编制报告、优化完善到获得批复，根据审批部门级别不同，一般需要3~9个月。

5. 风险提示

《中华人民共和国矿产资源法》（2025年7月1日实施）。

第三十三条 在建设铁路、工厂、水库、输油管道、输电线路和各种大型建筑物或者建筑群之前，建设单位必须向所在省、自治区、直辖市地质矿产主管部门了解拟建工程所在地区的矿产资源分布和开采情况。非经国务院授权的部门批准，不得压覆重要矿床。

六、职业病危害预评价

职业病危害预评价是指建设单位在建设项目可行性论证阶段，依据国家相关法律法规和标准，对建设项目可能产生的职业病危害因素进行识别和分析，并预测其对工作场所和劳动者健康的影响，同时评价拟采取的职业病防护设施的预期效果，提出有效的防护对策，最终形成客观、真实的预评价报告的活动。《中华人民共和国职业病防治法》规定："新建、扩建、改建建设项目和技术改造、技术引进项目（以下统称建设项目）可能产生职业病危害的，建设单位在可行性论证阶段应当进行职业病危害预评价。"

1. 前置条件

职业病危害预评价是确定项目选址及建设方案的需要，是项目（预）可行性研究、职业病防护设施设计、项目开工建设的前置条件，其前置条件主要包括（预）可行性研究报告或中间成果以及前期地方相关部门报批批复文件。

2. 职责

1）建设单位

建设单位应委托具有资质的评价单位开展工作，根据评价单位梳理成果，调整、优化建设项目的选址（选线）、布局和建设规模，以满足评价要求。建设单位在报告完成后自行组织报告审查并形成评审意见，组织评价单位按照审查意见修改完善相关内容。

属于职业病危害一般或者较重的建设项目，建设单位主要负责人或其指定的负责人应当组织具有职业卫生相关专业背景的中级及中级以上专业技术职称人员或者具有职业卫生相关专业背景的注册安全工程师（以下统称职业卫生专业技术人员）对职业病危害预评价报告进行评审，并形成是否符合职业病防治有关法律、法规、规章和标准要求的评审意见；属于职业病危害严重的建设项目，建设单位主要负责人或其指定的负责人应当组织外单位职业卫生专业技术人员参加评审工作，并形成评审意见。

2）评价单位

评价单位接到建设单位的任务后开展评价工作，应参与建设项目的建设布局和建设规模制定，根据初选方案，梳理职业病影响因素，从职业病影响角度提出项目建设的建议和意见。评价报告编制完成后，经建设单位组织审查后按照审查意见修改完善。

3. 内容及一般流程

1）内容

新建、扩建、改建建设项目和技术改造、技术引进项目可能产生职业病危害的，建设单位在可行性论证阶段应当进行职业病危害预评价。

职业病危害预评价报告应当对建设项目可能产生的职业病危害因素及其对工作场所、劳动者健康影响与危害程度进行分析与评价；对建设项目拟采取的职业病防护设施和防护措施进行分析、评价，并提出对策与建议；明确建设项目的职业病危害风险类别及拟采取的职业病防护设施和防护措施是否符合职业病防治有关法律、法规、规章和标准的要求。

2）一般流程

一般建设单位委托有技术能力的咨询单位编制评价报告，完成后由建设单位自行组织审查，并按照审查意见修改完善。

4. 办理周期

自委托评价单位开始收集资料、编制报告、优化完善到完成评价，一般需要 3~8 个月。

5. 风险提示

《中华人民共和国职业病防治法》（2018 年 12 月 29 日实施）。

第六十九条　建设单位违反本法规定，有下列行为之一的，由卫生行政部门给予警告，责令限期改正；逾期不改正的，处十万元以上五十万元以下的罚款；情节严重的，责令停止产生职业病危害的作业，或者提请有关人民政府按照国务院规定的权限责令停建、关闭：

（一）未按照规定进行职业病危害预评价的；

（二）医疗机构可能产生放射性职业病危害的建设项目未按照规定提交放射性职业病危害预评价报告，或者放射性职业病危害预评价报告未经卫生行政部门审核同意，开工建设的；

（三）建设项目的职业病防护设施未按照规定与主体工程同时设计、同时施工、同时投入生产和使用的；

（四）建设项目的职业病防护设施设计不符合国家职业卫生标准和卫生要求，或者医疗机构放射性职业病危害严重的建设项目的防护设施设计未经卫生行政部门审查同意擅自施工的；

（五）未按照规定对职业病防护设施进行职业病危害控制效果评价的；

（六）建设项目竣工投入生产和使用前，职业病防护设施未按照规定验收合格的。

七、地震安全性评价

地震安全性评价是根据对建设工程场地条件和场地周围的地震活动与地震地质环境的分析，按照工程设防的风险水准，给出与工程抗震设防要求相应的地震烈度和地震动参数，以及场地的地震地质灾害预测结果。《中华人民共和国防震减灾法》规定："重大建设工程和可能发生严重次生灾害的建设工程，应当按照国务院有关规定进行地震安全性评价，并按照经审定的地震安全性评价报告所确定的抗震设防要求进行抗震设防。"

1. 前置条件

地震安全性评价是确定项目走向方案、选址及建设方案的需要，是项目（预）可行性研究的前置条件，其前置条件主要包括（预）可行性研究报告或中间成果以及前期地方相关部门报批批复文件。

2. 职责

1）建设单位

建设单位应委托具有资质的评价单位开展工作，根据评价单位梳理成果，调整、优化建设项目的选址（选线）、布局和建设规模，以满足评价要求。建设单位在报告完成后组织对报告进行初步审查，通过后负责向地震工作主管部门申请审查，并按照审查意见组织评价单位修改完善相关内容。

2）评价单位

评价单位接到建设单位的任务后开展评价工作，应参与建设项目的选址（选线）、布局制定，根据初选方案，通过地震部门及现场调查、勘察，梳理管道沿线地震影响情况，从地震影响角度提出项目建设的建议和意见。报告编制完成后，经建设单位初步审查，与其一同向地震工作主管部门提出审查申请，接受审查并按照审查意见修改完善。

3）审批主管部门

接到建设单位审查申请后，按照时限要求组织专家对相应报告进行审查，通过后出具批复文件。

3. 内容及一般流程

1）内容

地震安全性评价报告应当包括下列内容：工程概况和地震安全性评价的技术要求、地震活动环境评价、地震地质构造评价、设防烈度或者设计地震动参数、地震地质灾害评价及其他有关技术资料。

建设工程的地震安全性评价单位应当按照国家有关标准进行地震安全性评价，并对地震安全性评价报告的质量负责。

2）一般流程

专项评价一般流程基本类似，一般为先委托具有资质的评价单位进行论证评价，完成评价后进行初步审查，通过后上报主管部门初步审查，主管部门组织专家评审并取得批复。

4. 办理周期

自委托评价单位开始收集资料、编制报告、优化完善到获得批复，根据审批部门级别不同，一般需要 4～6 个月。

5. 风险提示

（1）《中华人民共和国防震减灾法》（2009 年 5 月 1 日实施）。

第八十七条　未依法进行地震安全性评价，或者未按照地震安全性评价报告所确定的抗震设防要求进行抗震设防的，由国务院地震工作主管部门或者县级以上地方人民政府负责管理地震工作的部门或者机构责令限期改正；逾期不改正的，处三万元以上三十万元以下的罚款。

（2）《地震安全性评价管理条例》（2019 年 3 月 2 日实施）。

第十七条　违反本条例的规定，地震安全性评价单位有下列行为之一的，由国务院地震工作主管部门或者县级以上地方人民政府负责管理地震工作的部门或者机构依据职权，责令改正，没收违法所得，并处 1 万元以上 5 万元以下的罚款：

（一）以其他地震安全性评价单位的名义承揽地震安全性评价业务的；

（二）允许其他单位以本单位名义承揽地震安全性评价业务的。

八、水土保持方案

为了预防和治理水土流失，保护和合理利用水土资源，减轻水、旱、风沙灾害，改善生态环境，《中华人民共和国水土保持法》规定："在山区、丘陵区、风沙区以及水土保持规划确定的容易发生水土流失的其他区域开办可能造成水土流失的生产建设项目，生产建设单位应当编制水土保持方案。"

1. 前置条件

水土保持方案是确定项目走向方案、选址及建设方案的需要，是项目（预）可行性研究、初步设计批复、水土保持专题设计的前置条件，其前置条件主要包括（预）可行性研究报告或中间成果以及前期地方相关部门报批批复文件。

2. 职责

1）建设单位

建设单位应委托具有资质的评价单位开展工作，根据评价单位梳理成果，调整、优化建设项目的选址（选线）、布局和建设规模，以满足评价要求。建设单位在报告完成后组织对报告进行初步审查，通过后向负责的审批主管部门申请审查，并按照审查意见组织评价单位修改完善相关内容。

2）评价单位

评价单位接到建设单位的任务后开展评价工作，应参与建设项目的选址（选线）、布局制定，根据初选方案，梳理管道沿线水土流失情况，提出水土保持措施及建议。报告编制完成后，经建设单位初步审查，与其一同向审批主管部门提出审查申请，接受主管部门审查，并按照审查意见修改完善。

3）审批主管部门

接到建设单位审查申请后，按照时限要求组织专家对相应报告进行审查，通过后出具批复文件。

3. 内容及一般流程

1）内容

在山区、丘陵区、风沙区以及水土保持规划确定的容易发生水土流失的其他区域开办可能造成水土流失的生产建设项目，生产建设单位应当编制或委托具有相应技术条件的机构编制水土保持方案，报县级以上人民政府水行政主管部门审批，并按照经批准的水土保持方案，采取水土流失预防和治理措施。

生产建设单位未编制水土保持方案或者水土保持方案未经水行政主管部门批准的，生产建设项目不得开工建设。

建设项目水土保持设施，应当与主体工程同时设计、同时施工、同时投产使用。

2）一般流程

专项评价一般流程基本类似，一般为先委托具有资质的评价单位进行论证评价，完成评价后进行初步审查，通过后上报主管部门审查批复。

4. 办理周期

自委托评价单位开始收集资料、编制报告、优化完善到获得批复，根据审批部门级别不同，一般需要3~5个月。

5. 风险提示

《中华人民共和国水土保持法》（2011年3月1日实施）。

第五十三条 违反本法规定，有下列行为之一的，由县级以上人民政府水行政主管部门责令停止违法行为，限期补办手续；逾期不补办手续的，处五万元以上五十万元以下的罚款；对生产建设单位直接负责的主管人员和其他直接责任人员依法给予处分：

（一）依法应当编制水土保持方案的生产建设项目，未编制水土保持方案或者编制的水土保持方案未经批准而开工建设的；

（二）生产建设项目的地点、规模发生重大变化，未补充、修改水土保持方案或者补充、修改的水土保持方案未经原审批机关批准的；

（三）水土保持方案实施过程中，未经原审批机关批准，对水土保持措施作出重大变更的。

第五十四条 违反本法规定，水土保持设施未经验收或者验收不合格将生产建设项目投产使用的，由县级以上人民政府水行政主管部门责令停止生产或者使用，直至验收合格，并处五万元以上五十万元以下的罚款。

九、社会稳定风险评估

社会稳定风险评估是指与人民群众利益密切相关的重大决策、重要政策、重大改革措施、重大工程建设项目、与社会公共秩序相关的重大活动等重大事项在制定出台、组织实施或审批审核前，对可能影响社会稳定的因素开展系统的调查，科学的预测、分析和评估，制定风险应对策略和预案，以有效规避、预防、控制重大事项实施过程中可能产生的社会稳定风险，确保重大事项顺利实施。为促进科学决策、民主决策、依法决策，预防和化解社会矛盾，建立和规范重大固定资产投资项目社会稳定风险评估机制，《国家发展改革委重大固定资产投资项目社会稳定风险评估暂行办法》规定："项目单位在组织开展重大项目前期工作时，应当对社会稳定风险进行调查分析，征询相关群众意见，查找并列出风险点、风险发生的可能性及影响程度，提出防范和化解风险的方案措施，提出采取相关措施后的社会稳定风险等级建议。"

1. 前置条件

社会稳定风险评估是确定项目走向方案、选址及建设方案的需要，是项目（预）可行性研究、初步设计批复、项目核准的前置条件，其前置条件主要包括（预）可行性研究报告或中间成果以及前期地方相关部门报批批复文件。

2. 职责

1）建设单位

建设单位应委托具有资质的评价单位开展工作，根据评价单位梳理成果，调整、优化建设项目的选址（选线）、布局和建设规模，以满足评价要求。建设单位在报告完成后组织对报告进行初步审查，通过后向负责审批主管部门申请审查，并按照审查意见组织评价单位修改完善相关内容。

2）评价单位

评价单位接到建设单位的任务后开展评价工作，应参与建设项目的选址（选线）、布局制定，根据初选方案，梳理沿线影响社会稳定的风险，并提出化解风险措施。报告编制完成后，经建设单位初步审查，与其一同向审批主管部门提出审查申请，接受主管部门审查，并按照审查意见修改完善。

3）审批主管部门

接到建设单位审查申请后，按照时限要求组织专家对相应报告进行审查，通过后出具批复文件。

3. 内容及一般流程

1）内容

项目单位在组织开展重大项目前期工作时，应当对社会稳定风险进行调查分析，征询相关群众意见，查找并列出风险点、风险发生的可能性及影响程度，提出防范和化解风险的方案措施，提出采取相关措施后的社会稳定风险等级建议。

社会稳定风险分析应当作为项目（预）可行性研究报告、项目申请报告的重要内容并设独立篇章。

社会稳定风险评估报告是国家发改委审批、核准或者核报国务院审批、核准项目的重要依据。评估报告认为项目存在高风险或者中风险的,国家发改委不予审批、核准和核报;存在低风险但有可靠防控措施的,国家发改委可以审批、核准或者核报国务院审批、核准,并应在批复文件中对有关方面提出切实落实防范、化解风险措施的要求。

2)一般流程

专项评价一般流程基本类似,一般为先委托具有资质的评价单位进行论证评价,完成评价后进行初步审查,通过后上报主管部门审查批复。

4. 办理周期

自委托具有资质的评价单位开始收集资料、编制报告、优化完善到获得批复,根据审批部门级别不同,一般需要1~6个月。

5. 风险提示

《国家发展改革委重大固定资产投资项目社会稳定风险评估暂行办法》(发改投资〔2012〕2492号)。

第九条 国家发展改革委未按照本办法规定,对项目(预)可行性研究报告、项目申请报告作出批复,给党、国家和人民利益以及公共财产造成较大或者重大损失等后果的,应当依法依纪追究国家发展改革委有关单位和责任人的责任。

评估主体不按规定的程序和要求进行评估导致决策失误,或者隐瞒真实情况、弄虚作假,给党、国家和人民利益以及公共财产造成较大或者重大损失等后果的,应当依法依纪追究有关责任人的责任。

十、防洪(洪水)影响评价

为了防治洪水,防御、减轻洪涝灾害,维护人民的生命和财产安全,根据《中华人民共和国防洪法》第二十七条和三十三条,以及《中华人民共和国河道管理条例》第十一条等规定,跨越河道的管道、渡槽、线路的净空高度,以及穿越河道的管道和在两堤之间埋没管道的深度,必须符合防洪和航运的要求,应当就建设项目对防洪可能产生的影响作出评价,编制防洪影响报告,提出防御措施;在洪泛区、蓄滞洪区内建设非防洪建设项目,其(预)可行性研究报告报请批准时,工程建设方案应当经有关水行政主管部门审查同意,并附具有关水行政主管部门审查批准的洪水影响评价报告书。

防洪评价报告编制导则适用于涉河建设项目,洪水影响评价报告编制导则主要适用于蓄滞洪区。

1. 前置条件

防洪(洪水)影响评价是项目依法合规建设及验收、确定项目走向方案、选址及穿越水域方案设计的需要,是初步设计批复以及河流、洪区等施工建设开工的前置条件，其前置条件主要包括地勘成果及初步设计方案以及前期地方相关部门报批批复文件。

2. 职责

1）建设单位

建设单位应委托具有资质的评价单位开展编制工作，向评价单位提供地勘成果及需作防洪（洪水）影响评价的初步穿越水域设计方案，并根据评价单位梳理成果，调整、优化建设项目的选址（选线）、布局和穿越设计方案，以满足评价要求。建设单位在报告完成后组织对报告进行初步审查，通过后向负责审批主管部门申请审查，并按照审查意见组织评价单位修改完善相关内容。

2）评价单位

评价单位接到建设单位的任务后开展评价工作，应参与建设项目的选址（选线）、布局和水域设计方案制定，根据初选方案，梳理防洪影响因素，从防洪影响角度提出项目建设的建议和意见。报告编制完成后，经建设单位初步审查，与其一同向审批主管部门提出审查申请，接受主管部门审查，并按照审查意见修改完善。

3）审批主管部门

接到建设单位审查申请后，按照时限要求组织专家对相应报告进行审查，通过后出具批复文件。

3. 内容及一般流程

1）内容

管道建设项目跨河、穿河、穿堤、临河、蓄滞洪区等应符合防洪标准、岸线规划、航运要求和其他技术要求，其工程防洪（洪水）影响评价报告未经有关水行政主管部门审查批准的，项目不得开工建设。安排施工时，应当按照水行政主管部门审查批准的位置和界限进行。

在蓄滞洪区内建设的油田、铁路、公路、矿山、电厂、电信设施和管道，其防洪（洪水）影响评价报告应当包括建设单位自行安排的防洪避洪方案。建设项目投入生产或者使用时，其防洪工程设施应当经水行政主管部门验收。

2）一般流程

专项评价一般流程基本类似，一般为先委托具有资质的评价单位进行论证评价，完成评价后进行初步审查，通过后上报主管部门审查批复。

4. 办理周期

自委托具有资质的评价单位开始收集资料、编制报告、优化完善到获得批复，根据审批部门级别不同，一般需要3~9个月。

5. 风险提示

（1）《中华人民共和国防洪法》（2016年7月2日实施）。

第五十七条　违反本法第二十七条规定，未经水行政主管部门对其工程建设方案审查同意或者未按照有关水行政主管部门审查批准的位置、界限，在河道、湖泊管理范围内从事工程设施建设活动的，责令停止违法行为，补办审查同意或者审查批准手续；工程设施建设严重影响防洪的，责令限期拆除，逾期不拆除的，强行拆除，所需费用由建设单位承担；影响行洪但尚可采取补救措施的，责令限期采取补救措施，可以处一万元以上十万元以下的罚款。

第五十八条　违反本法第三十三条第一款规定，在洪泛区、蓄滞洪区内建设非防洪建设项目，未编制洪水影响评价报告或者洪水影响评价报告未经审查批准开工建设的，责令限期改正；逾期不改正的，处五万元以下的罚款。

违反本法第三十三条第二款规定，防洪工程设施未经验收，即将建设项目投入生产或者使用的，责令停止生产或者使用，限期验收防洪工程设施，可以处五万元以下的罚款。

（2）《中华人民共和国河道管理条例》（2018年3月19日实施）。

第四十四条　违反本条例规定，有下列行为之一的，县级以上地方人民政府河道主管机关除责令其纠正违法行为、采取补救措施外，可以并处警告、罚款、没收非法所得；对有关责任人员，由其所在单位或者上级主管机关给予行政处分；构成犯罪的，依法追究刑事责任：

（一）在河道管理范围内弃置、堆放阻碍行洪物体的；种植阻碍行洪的林木或者高秆植物的；修建围堤、阻水渠道、阻水道路的；

（二）在堤防、护堤地建房、放牧、开渠、打井、挖窖、葬坟、晒粮、存放物料、开采地下资源、进行考古发掘以及开展集市贸易活动的；

（三）未经批准或者不按照国家规定的防洪标准、工程安全标准整治河道或者修建水工程建筑物和其他设施的；

（四）未经批准或者不按照河道主管机关的规定在河道管理范围内采砂、取土、淘金、弃置砂石或者淤泥、爆破、钻探、挖筑鱼塘的；

（五）未经批准在河道滩地存放物料、修建厂房或者其他建筑设施，以及开采地下资源或者进行考古发掘的；

（六）违反本条例第二十七条的规定，围垦湖泊、河流的；

（七）擅自砍伐护堤护岸林木的；

（八）汛期违反防汛指挥部的规定或者指令的。

十一、航道通航条件影响评价

航道通航条件影响评价是指在新建、改建、扩建与航道有关的工程前，建设单位根据国家有关规定和技术标准规范，论证评价工程对航道通航条件的影响并提出减小或者消除影响的对策措施，由有审核权的交通运输主管部门或者航道管理机构进行审核的过程。《中华人民共和国航道法》规定，建设跨越、穿越航道的桥梁、隧道、管道、缆线等建筑物、构筑物，应当符合该航道发展规划技术等级对通航净高、净宽、埋设深度等航道通航条件的要求。

1. 前置条件

通航条件影响评价是项目依法合规建设及验收、确定项目走向方案、选址及穿越水域方案设计的需要，是初步设计批复、江河湖海流域施工建设开工的前置条件，其前置条件主要包括（预）可行性研究报告以及前期地方相关部门报批批复文件。

2. 职责

1）建设单位

建设单位应委托具有资质的评价单位编制工作，向评价单位提供（预）可行性研究报告以及地方政府关于项目前期的报批文件，并根据评价单位梳理成果，调整、优化建设项目的选址（选线）、布局和穿越设计方案，以满足评价要求。建设单位在报告完成后组织对报告进行初步审查，通过后向负责的审批主管部门申请审查，并按照审查意见组织评价单位修改完善相关内容。

2）评价单位

评价单位接到建设单位的任务后开展评价工作，应参与建设项目的选址（选线）、布局和水域设计方案制定，根据初选方案，梳理通航影响因素，从通航影响角度提出项目建设的建议和意见。报告编制完成后，经建设单位初步审查，与其一同向审批主管部门提出审查申请，接受主管部门审查，并按照审查意见修改完善。

3）审批主管部门

接到建设单位审查申请后，按照时限要求组织专家对相应报告进行审查，通过后出具批复文件。

3. 内容及一般流程

1）内容

建设单位应委托具有相应资质的评价单位编制航道通航条件影响评价报告，报告编制完成后，与审核申请书、项目的规划或者其他建设依据向航道管理部门报批，涉及规划调整或者拆迁等措施的，应当提供规划调整或者拆迁已取得同意或者已达成一致的承诺函、协议等材料。

2）一般流程

专项评价一般流程基本类似，一般委托具有资质的评价单位进行论证评价，完成评价后进行初步审查，通过后上报主管部门审查批复。

4. 办理周期

自委托具有资质的评价单位开始收集资料、编制报告、优化完善到获得批复，根据审批部门级别不同，一般需要3~9个月。

5. 风险提示

《中华人民共和国航道法》（2016年9月1日实施）。

第三十九条　建设单位未依法报送航道通航条件影响评价材料而开工建设的，由有审核权的交通运输主管部门或者航道管理机构责令停止建设，限期补办手续，处三万元以下的罚款；逾期不补办手续继续建设的，由有审核权的交通运输主管部门或者航道管理机构责令恢复原状，处二十万元以上五十万元以下的罚款。

报送的航道通航条件影响评价材料未通过审核，建设单位开工建设的，由有审核权的交通运输主管部门或者航道管理机构责令停止建设、恢复原状，处二十万元以上五十万元以下的罚款。

违反航道通航条件影响评价的规定建成的项目导致航道通航条件严重下降的，由前两款规定的交通运输主管部门或者航道管理机构责令限期采取补救措施或者拆除；逾期未采取补救措施或者拆除的，由交通运输主管部门或者航道管理机构代为采取补救措施或者依法组织拆除，所需费用由建设单位承担。

第四十条　与航道有关的工程的建设单位违反本法规定，未及时清除影响航道通航条件的临时设施及其残留物的，由负责航道管理的部门责令限期清除，处二万元以下的罚款；逾期仍未清除的，处三万元以上二十万元以下的罚款，并由负责航道管理的部门依法组织清除，所需费用由建设单位承担。

十二、林业调查

林业调查目前实际为征占用林地可行性报告或林地现状调查表，是指在林地上建造永久性、临时性的建筑物、构筑物，以及其他改变林地用途的建设行为，用地单位提出使用林地申请前应开展的相关工作。《中华人民共和国森林法》规定："矿藏勘查、开采以及其他各类工程建设，应当不占或者少占林地；确需占用林地的，应当经县级以上人民政府林业主管部门审核同意，依法办理建设用地审批手续。"

1. 前置条件

林业调查是项目依法合规建设及验收、确定项目走向方案、选址的需要，是办理林木采伐许可证、不动产权登记证的前置条件，其前置条件主要包括项目（预）可行性研究报告及有关批复文件以及前期地方相关部门报批批复文件。

2. 职责

1）建设单位

建设单位应委托具有资质的评价单位开展调查与评估工作，根据评价单位梳理成果，调整、优化建设项目的选址（选线）、布局，以满足评价要求。建设单位在报告完成后组织对报告进行初步审查，通过后向负责的审批主管部门申请审查，并按照审查意见组织评价单位修改完善相关内容。

2）评价单位

评价单位接到建设单位的任务后开展调查工作，应参与建设项目的选址（选线）、布局制定，根据初选方案，梳理管道通过的林区，从林区影响角度提出项目建设的建议和意见。报告编制完成后，经建设单位初步审查，与其一同向审批主管部门提出审查申请，接受主管部门审查，并按照审查意见修改完善。

3）审批主管部门

接到建设单位审查申请后，按照时限要求组织专家对相应报告进行审查，通过后出具批复文件。

3. 内容及一般流程

1）内容

建设单位委托具有资质的评价单位编制征占用林地可行性报告，初步设计单位向评价单位提供中线路由工作面，评价单位对中线路由工作面处理后联系各区县园林局进行现场调查，然后评价单位整理现场调查数据并结合各区县园林局反馈意见，编制征占用林地可行性报告技术部分。

建设单位与各区县政府联系，编制补偿方案，缴纳四项费用（占地补偿费、安置补助费、树木补偿费、植被恢复费），各区县政府编制补偿承诺函作为征占用林地可行性报告的林业补偿部分。

根据《建设项目使用林地审核审批管理办法》，占用林地和临时占用林地的用地单位或者个人提出使用林地申请，应当填写《使用林地申请表》，同时提供具有相应资质的单位作出的建设项目使用林地可行性报告或者林地现状调查表。

建设单位将征占用林地可行性报告、项目规划选址意见等上报林业主管部门审核同意后，取得征占用林地（预）可行性研究批复手续。根据《中华人民共和国森林法》，采伐林木必须申请采伐许可证，按许可证的规定进行采伐。

2）一般流程

林业调查办理一般流程如图1-3所示。其中，"组织现场查验"和"根据权限逐级上报并核发审核同意书"的办理时限均为20日，经批准可延长10日。

4. 办理周期

自委托具有资质的评价单位开始收集资料、编制报告、优化完善到获得批复，根据审批部门级别不同，一般需要6~9个月。

5. 风险提示

（1）《中华人民共和国森林法》（2020年7月1日实施）。

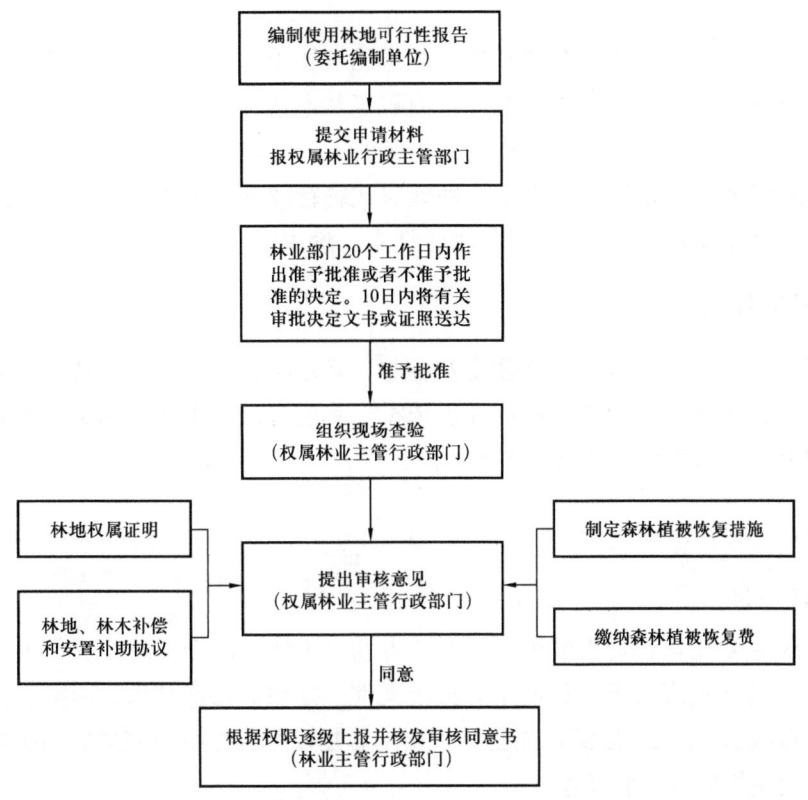

图1-3 林业调查办理一般流程示意图

第七十三条 违反本法规定，未经县级以上人民政府林业主管部门审核同意，擅自改变林地用途的，由县级以上人民政府林业主管部门责令限期恢复植被和林业生产条件，可以处恢复植被和林业生产条件所需费用三倍以下的罚款。

虽经县级以上人民政府林业主管部门审核同意，但未办理建设用地审批手续擅自占用林地的，依照《中华人民共和国土地管理法》的有关规定处罚。

在临时使用的林地上修建永久性建筑物，或者临时使用林地期满后一年内未恢复植被或者林业生产条件的，依照本条第一款规定处罚。

（2）《中华人民共和国森林法实施条例》（2018年3月19日实施）。

第四十一条（节选） 违反森林法和本条例规定，擅自开垦林地，对森林、林木未造成毁坏或者被开垦的林地上没有森林、林木的，由县级以上人民政府林业主管部门责令停止违法行为，限期恢复原状，可以处非法开垦林地每平方米 10 元以下的罚款。

（3）中华人民共和国刑法（2024 年 3 月 1 日实施）。

第三百四十二条　违反土地管理法规，非法占用耕地、林地等农用地，改变被占用土地用途，数量较大，造成耕地、林地等农用地大量毁坏的，处五年以下有期徒刑或者拘役，并处或者单处罚金。

十三、文物考古调查

文物考古调查是指文物行政管理部门认可的勘探单位，为了解施工范围及影响范围地下古代文物遗存的性质、结构、范围、面积等基本情况而进行的业务工作。为了加强对文物的保护，根据《中华人民共和国文物保护法》："进行大型基本建设工程，建设单位应当事先报请省、自治区、直辖市人民政府文物行政部门组织从事考古发掘的单位在工程范围内有可能埋藏文物的地方进行考古调查、勘探。"

1. 前置条件

文物考古调查是项目依法合规建设及验收、确定项目走向方案、选址的需要，是初步设计批复的前置条件，为文物勘探提供依据。其前置条件主要包括（预）可行性研究报告以及前期地方相关部门报批批复文件。

2. 职责

1）建设单位

建设单位应委托具有资质的单位开展考古勘探工作，向勘探单位提供（预）可行性研究报告以及地方政府关于项目前期的报批文件，并根据勘探结果，调整、优化建设项目的选址（选线）、布局，以满足文物保护要求。建设单位在报告完成后组织进行初步审查，通过后向主管部门申请审查。

2）勘探单位

勘探单位接到建设单位的任务后开展调查工作，应参与建设项目的选址（选线）、布局制定，根据初选方案，通过资料查询及现场调查、勘探，梳理管道沿线文物情况，从文物影响角度提出项目建设的建议和意见。报告编制完成后，经建设单位初步审查，与其一同向审批主管部门提出审查申请，接受主管部门审查，并按照审查意见修改完善。

3）审批主管部门

接到建设单位审查申请后，按照时限要求组织专家对相应报告进行审查，通过后出具验收文件。

3. 内容及一般流程

1）内容

进行大型基本建设工程，建设单位应当事先报请省、自治区、直辖市人民政府文物行政部门组织从事考古发掘的单位在工程范围内有可能埋藏文物的地方进行考古调查、勘探。

考古调查、勘探中发现文物的，由省、自治区、直辖市人民政府文物行政部门根据文物保护的要求会同建设单位共同商定保护措施；遇有重要发现的，由省、自治区、直辖市人民政府文物行政部门及时报国务院文物行政部门处理。

凡因进行基本建设和生产建设需要的考古调查、勘探、发掘，所需费用由建设单位列入建设工程预算。

配合建设工程进行的考古调查、勘探、发掘，由省、自治区、直辖市人民政府文物行政主管部门组织实施。跨省、自治区、直辖市的建设工程范围内的考古调查、勘探、发掘，由建设工程所在地的有关省、自治区、直辖市人民政府文物行政主管部门联合组织实施；其中，特别重要的建设工程范围内的考古调查、勘探、发掘，由国务院文物行政主管部门组织实施。

2）一般流程

前期可先进行文物考古调查（以资料查询及现场调研为主），以辅助项目走向方案选址及布局，再根据文物调查成果开展文物勘探、发掘及保护方案，报文物部门验收、审批、实施。

4. 办理周期

自委托具有资质的评价单位开始收集资料、现场勘察到通过验收，根据线路长度及勘察工作量不同，一般需要2~6个月。

5. 风险提示

《中华人民共和国文物保护法》（2017年11月5日实施）。

第六十六条　有下列行为之一，尚不构成犯罪的，由县级以上人民政府文物主管部门责令改正，造成严重后果的，处五万元以上五十万元以下的罚款；情节严重的，由原发证机关吊销资质证书：

（一）擅自在文物保护单位的保护范围内进行建设工程或者爆破、钻探、挖掘等作业的；

（二）在文物保护单位的建设控制地带内进行建设工程，其工程设计方案未经文物行政部门同意、报城乡建设规划部门批准，对文物保护单位的历史风貌造成破坏的；

（三）擅自迁移、拆除不可移动文物的；

（四）擅自修缮不可移动文物，明显改变文物原状的；

（五）擅自在原址重建已全部毁坏的不可移动文物，造成文物破坏的；

（六）施工单位未取得文物保护工程资质证书，擅自从事文物修缮、迁移、重建的。

刻划、涂污或者损坏文物尚不严重的，或者损毁依照本法第十五条第一款规定设立的文物保护单位标志的，由公安机关或者文物所在单位给予警告，可以并处罚款。

十四、特殊区域穿越专项评估

特殊区域穿越主要包括南水北调穿越、长城等重要古迹穿越、特殊环境保护区、风景区穿越等，需要根据地方要求编制专项评价或专项评估。

1. 前置条件

特殊区域专项评价或专项评估是项目依法合规建设及验收、确定项目走向方案、选址的需要，是项目通过特殊区域开工的前置条件，其前置条件主要包括项目（预）可行性研究报告、特殊区域穿越设计方案以及前期地方相关部门报批批复文件。

2. 职责

1）建设单位

建设单位应委托具有资质的评价单位开展编制工作，根据评价单位梳理成果，调整、优化建设项目的选址（选线）、布局，以满足评价要求。建设单位在报告完成后组织对报告进行初步审查，通过后向负责的审批主管部门申请报告审查，并按照审查意见组织评价单位修改完善相关内容。

2）评价单位

评价单位接到建设单位的任务后开展评价工作，应参与建设项目的选址（选线）、布局和建设规模制定，根据初选方案，梳理特殊区域穿越影响因素及范围，从管道安全及对特殊区域影响角度提出项目建设的建议和意见。报告编制完成后，经建设单位初步审查，与其一同向审批主管部门提出审查申请，接受主管部门审查，并按照审查意见修改完善。

3）审批主管部门

接到建设单位审查申请后，组织专家对相应报告进行审查，通过后出具批复文件。

3. 内容及一般流程

1）内容

主要包括南水北调穿越、长城等重要古迹穿越、特殊环境保护区、风景区等。

（1）南水北调穿越安全论证报告。

管道建设项目穿越南水北调及配套工程时，根据南水北调管理部门要求，需要对穿越位置及穿越方案进行详细设计，并委托具有资质的、南水北调穿越位置段设计单位进行穿越安全论证，并报南水北调主管部门审查批复。

（2）古迹、敏感区等特殊区穿越专项评估。

当管道穿越长城等特殊古迹以及特殊环境、自然、水源等敏感区时，根据相应管理办法也需要进行专题论证，并报主管部门审查批复。

2）一般流程

专项评价一般流程基本类似，一般为先委托设计单位完成初步方案设计，然后委托具有资质的评价单位进行论证评价，完成评价后进行初步审查，通过后上报主管部门审查批复。

4. 办理周期

一般需要 4~8 个月。

5. 风险提示

未开展特殊区域专项评价或专项评估并取得主管部门审批同意的，影响项目正常开工建设，甚至会面临行政处罚。

第三节　用地预审与选址意见书

选址规划是自然资源与规划部门根据城市规划及有关法律法规对建设项目地址进行确认或选择，保证各项建设按照城市规划。根据《中华人民共和国城乡规划法》："按照国家规定需要有关部门批准或者核准的建设项目，以划拨方式提供国有土地使用权的，建设单位在报送有关部门批准或者核准前，应当向城乡规划主管部门申请核发选址意见书。"

用地预审是自然资源部门在建设项目审批、核准、备案阶段，依法对建设项目涉及的土地利用事项进行的审查。主要审查内容包括项目是否符合土地利用总体规划、用地标准、占补平衡、补偿标准等涉及土地利用的相关事项。《中华人民共和国土地管理法》规定："建设项目可行性研究论证时，自然资源主管部门可以根据土地利用总体规划、土地利用年度计划和建设用地标准，对建设用地有关事项进行审查，并提出意见。"《中华人民共和国土地管理法实施条例》规定："建设项目批准、核准前或者备案前后，由自然资源主管部门对建设项目用地事项进行审查，提出建设项目用地预审意见。"《自然资源部关于以"多规合一"为基础推进规划用地"多审合一、多证合一"改革的通知》（自然资规〔2019〕2号）规定："将建设项目选址意见书、建设项目用地预审意见合并，自然资源主管部门统一核发建设项目用地预审与选址意见书，不再单独核发建设项目选址意见书、建设项目用地预审意见。"

一、前置条件

建设单位在办理用地预审与选址意见书前,应取得国家发改委或所在省发改委出具同意建设项目开展前期工作的函("路条")以及地方规划主管部门出具的初步审查意见回函,并委托具有资质的单位依据(预)可行性研究报告编制建设项目用地预审与选址论证报告;涉及世界文化遗产、文物保护单位、地下文物埋藏区、自然保护区、军事管辖区等特殊区域的项目,应取得相应主管行政主管部门会审同意意见。

二、职责

1. 建设单位

建设单位填写《建设项目用地预审与选址意见书申请表》并准备所需附件,提出申请。

2. 审批主管部门

建设项目选址预审工作一般是项目所在地的市、县人民政府城乡规划部门提出初步审查意见,报省、自治区、直辖市及计划单列市人民政府自然资源部门批复选址意见。

建设项目用地预审工作一般可概括为三级办理:县级自然资源部门核实完善资料、制定规划调整方案和组织听证等各项工作;市级自然资源部门对资料进行审核,形成审核意见;省级自然资源部门组织会审,完成初步审查工作;自然资源部组织会审,最后形成批复。

三、内容及一般流程

1. 内容

1)申请材料

建设单位向自然资源部门申请用地预审与选址意见书时应提交以下材料。

(1)建设项目用地预审与选址意见书申请表及申请报告;

(2)项目拟建地点所在省辖市或县(市、开发区)自然资源主管部门初步审查意见(项目占地在省辖市内跨县或涉及市辖区的,仅需提供省辖市自然资源主管部门关于项目用地预审/规划选址/用地预审与规划选址初步审查意见);

(3)项目建设依据(相关规划/项目建议书/政府及相关部门同意开展项目相关工作的正式文件扫描件,若申报项目名称与所提供建设依据中项目清单名称不一致或在建设依据中没有相关图件:项目占地位置图或线路走径图;标注项目用地范围的土地利用现状图;项目与国土空间详细规划关系图;项目与三条控制线关系图;项目占用永久基本农田分布图;其他相关图件的名称和节点,还需提供相关部门出具的补充说明性文件);

（4）项目用地边界拐点坐标表及相关图件；

（5）涉及以下情形需提供相应材料。

① 需组织论证的，提供论证材料及专家论证结论：

占用永久基本农田或占用耕地规模较大的项目，提供用地预审踏勘论证材料及专家组论证结论；

国家和地方尚未颁布土地使用标准和建设标准的建设项目，以及确需突破土地使用标准确定的规模和功能分区的建设项目，提供节地评价报告及专家论证意见；

办理规划选址需论证的项目，提供规划选址论证材料及专家组论证结论；

占用生态保护红线或涉及生态保护红线内有限人为活动的项目，提供不可避让的论证报告及专家论证结论。

若涉及上述两项及以上论证内容的，需提供节约集约用地论证分析专章或规划选址综合论证报告及专家组论证结论。

② 申请核发用地预审与选址意见书并需依法进行公示的项目，提供项目选址公示材料。

③ 需编制（预）可行性研究报告的建设项目，提供（预）可行性研究报告；涉及穿（跨）越生态敏感区、文物保护、重大基础设施、军事设施、"邻避"以及位于地震观测环境保护范围内的，需提供相应主管部门支持性意见。

以上申报材料为一般要求，鉴于各地在实际操作过程中对申报材料的要求差异较大，因此办理前，到项目所在地的省、直辖市进行详细沟通、了解即可。

2）审批层级

建设项目用地预审与选址意见书实行分级预审和分级核发，基本原则为与项目立项同级，以下特殊情况除外。

（1）建设项目涉及占用永久基本农田，或允许有限人为活动之外的国家重大项目确需占用生态保护红线的，由自然资源部预审。符合原贫困地区政策占用永久基本农田或属于生态保护红线内对生态功能不造成破坏的有限人为活动的，由省级自然资源主管部门预审。

（2）不涉及上述事项的，原则上依据项目（预）可行性研究报告审批、项目申请报告（书）核准或项目备案层级，实行同级预审，其中需国务院及其有批准权的投资主管等部门批准的建设项目，下放至省级自然资源主管部门预审。省级自然资源主管部门不得将承担的部分下放预审权再行授权委托。

（3）城镇开发边界内以划拨方式供应国有土地使用权的省级及以下建设项目，由属地县级自然资源主管部门办理。

3）重新办理

以下情况需重新办理预审。

（1）用地预审与选址意见书自批准后三年内，需审批的未取得（预）可行性研究报告批复，需核准的未取得项目申请报告（书）核准，需备案的未办理备案手续；

(2)项目农用地转用和土地征收申请总面积超预审总面积达到10%及范围重合度低于80%的（范围对比适用分期分段情形）；

(3)重大建设项目在用地预审时不占永久基本农田，但用地审批时占用的；

(4)土地用途发生重大调整的。

建设项目用地预审与选址意见书批准后，用地未发生变化，仅被许可人发生变化的，不属于重新预审情形。

2. 一般流程

用地预审与选址意见书的办理，不同省、直辖市需要的材料及办理流程各有不同，而且部分省、直辖市需要材料及办理流程差别还比较大。但是所有的省、直辖市都有成熟的办事指南及办理流程。因此办理前，到项目所在地的省、直辖市进行详细沟通、了解即可。

基建项目用地预审及规划选址意见书办理工作一般流程如图1-4所示。

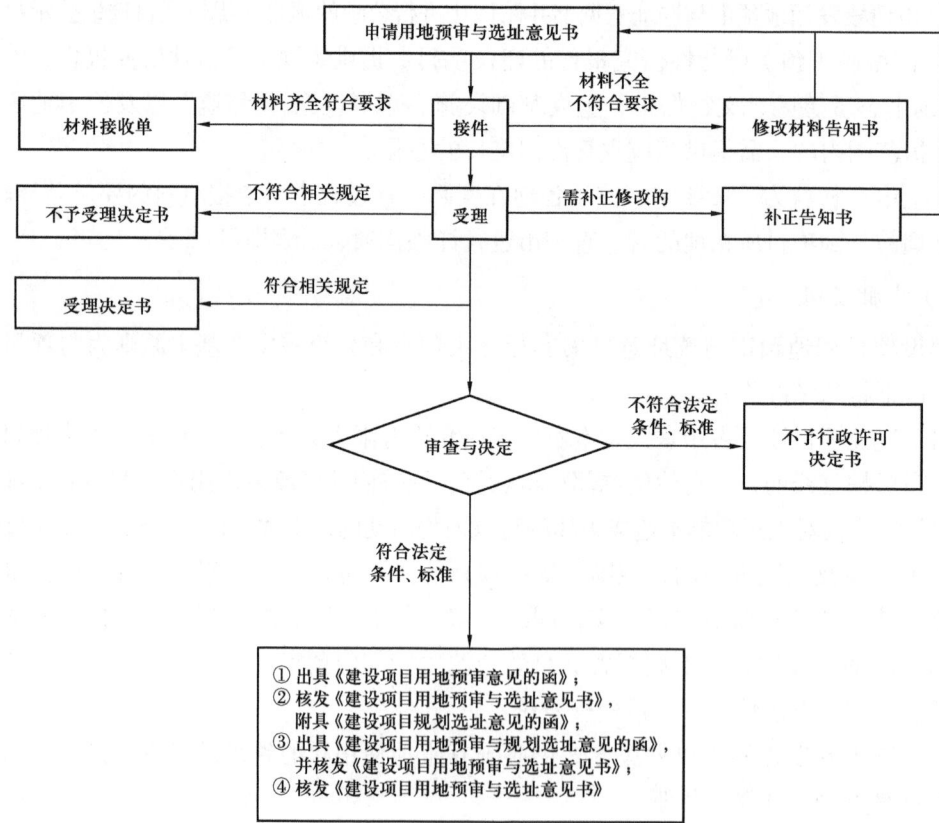

图1-4　基建项目用地预审及规划选址意见书办理工作一般流程示意图

四、办理周期

自准备申请材料到审批结束，一般需要5～15个月。

五、风险提示

未办理用地预审和规划选址意见书,不能取得核准,不能正常开工建设,存在停工处罚风险。

第四节　用海预审

建设项目用海预审是海洋行政主管部门在建设项目申报审批、核准、备案前,对建设项目涉及使用海域事项进行的审查。建设项目涉及用海的,申请人需提出海域使用预审申请,经有海域使用审批权的县级以上人民政府海洋行政主管部门预审同意后,方可申报办理用海手续。

一、前置条件

建设单位自行或委托有相关资质的单位编制海域使用论证报告书或海域使用论证报告表(以下统称海域使用论证报告),并完成报告的提交、公示及专家评审。进行用海预审前,建设单位需向负责用海预审的海洋行政主管部门提交用海预审申请报告。

二、职责

1. 建设单位

自行或委托有关单位编制海域使用论证报告,并向项目所在地海洋行政主管部门提交论证报告和用海预审材料。

2. 编制单位

承担海域使用论证报告书的编制工作,海域使用论证应当客观、科学、公正,并符合国家和自治区有关规范和标准。

3. 审批主管部门

受理海域使用论证报告并进行公示和组织专家评审;受理用海预审申请材料,对符合条件的,出具用海预审意见通知书。

三、内容及一般流程

1. 内容

国务院或国务院投资主管部门审批、核准的建设项目需要使用海域的,申请人应当在项目审批、核准前向国家海洋行政主管部门提出海域使用申请，取得用海预审意见。地方人民政府或其投资主管部门审批、核准的建设项目需要使用海域，用海预审程序由地方人民政府海洋行政主管部门自行制定。一般内容如下。

（1）编制海域使用论证报告。海域使用申请人自行或委托有关单位编制海域使用论证报告书（表）。

（2）提交论证报告。海域使用申请人向项目所在地的地级以上市海洋行政主管部门提交论证报告；跨地级以上市管辖海域的项目，直接向省自然资源厅提交论证报告。

（3）公示论证报告。受理申请的海洋行政主管部门在组织海域使用论证报告评审前应当通过官方网站或者其他方式对海域使用论证报告进行公示，公示期限不得少于10个工作日，公众意见作为海域使用论证报告评审和行政审批的参考。

（4）组织专家评审。受理申请的海洋行政主管部门自公示到期之日起5个工作日内组织进行现场踏勘和召开海域使用论证报告专家评审会，并视情况邀请同级发展改革、生态环境、交通运输（港务）、水利、农业农村、林业、海洋综合执法、海事、海警等部门参加。海域使用论证报告评审时应同步开展质量评估。

（5）提交用海预审材料。需审批的建设项目应在申报可行性研究报告前，由用海建设单位提出预审申请。需核准、备案的建设项目应在核准、备案申请报告前，由用海建设单位提出预审申请。

国家海洋行政主管部门预审的建设项目，用海建设单位应向省海洋行政主管部门提出申请，省海洋行政主管部门受理后提出初审意见，转报国家海洋局。省海洋行政主管部门预审的建设项目，用海建设单位应向项目所在地的市海洋行政主管部门提出申请，市海洋行政主管部门受理后提出初审意见，转报省海洋局。建设项目用海单位申请预审，应提交下列材料：

① 建设项目用海预审申请表；

② 建设项目用海预审申请报告，内容包括项目基本情况、拟选址情况、拟建项目的用海规模及用海类型等情况；

③ 受理预审部门的初审意见；

④ 需审批的建设项目应提供项目建议书批复；

⑤ 海域使用论证报告（送审稿）；已经国家海洋局批准的《区域建设用海规划》内的建设项目可不提供海域使用论证报告；

⑥ 存在利益相关者的，应提交解决方案或协议。

建设项目用海预审申请表，使用统一格式，由省海洋局制定。

（6）开展用海预审审查。海洋行政主管部门受理用海预审申请材料后，应视情况征求同级发展改革、生态环境、交通运输（港务）、水利、农业农村、林业、海洋综合执法、海事等部门和下一级海洋行政主管部门意见。用海预审审查的内容包括：

① 是否符合国土空间规划（含海岸带及海洋空间规划等）、生态保护红线、自然保护

地管控要求；

②占用海岸线的，是否满足自然岸线保有率管控目标和要求；

③项目申请海域有无权属争议或计划设置其他海域使用权；

④项目用海涉及立体分层设权的，还应审查实施立体分层设权管理的不同类型用海活动能否兼容，是否影响基本功能的发挥等。

（7）出具用海预审意见。受理初审的海洋行政主管部门自接到符合条件的用海预审申请之日起 10 个工作日内，对其进行审查，提出初审意见，并转报上级海洋行政主管部门。有权限出具预审意见的海洋行政主管部门自收到下级海洋行政主管部门报来的用海预审材料之日起 10 个工作日内（不包括海域使用论证时间），对其进行审查，提出预审意见，并向项目建设单位下达批复项目用海预审意见。依法需要听证的，出具用海预审意见前应当组织听证。

（8）重新办理。用海预审意见有效期 2 年，有效期内，项目拟用海面积、位置和用途等发生改变的，应当重新提出用海预审申请。

2. 一般流程

用地预审意见书的办理，不同省、直辖市需要的材料及办理流程各有不同，但是所有的省、直辖市都有成熟的办事指南及办理流程。因此办理前，到项目所在地的省、直辖市进行详细沟通、了解即可。

四、办理周期

自开展海域使用论证报告编制至取得用海预审意见通知书，一般需要 3～5 个月。

五、风险提示

《中华人民共和国海域使用管理法》（2002 年 1 月 1 日实施）。

第四十二条　未经批准或者骗取批准，非法占用海域的，责令退还非法占用的海域，恢复海域原状，没收违法所得，并处非法占用海域期间内该海域面积应缴纳的海域使用金五倍以上十五倍以下的罚款；对未经批准或者骗取批准，进行围海、填海活动的，并处非法占用海域期间内该海域面积应缴纳的海域使用金十倍以上二十倍以下的罚款。

第五节　海域使用权证书

海域使用权证书是海洋行政主管部门对用海项目进行审查后，批准用海申请的文件，用于确定用海项目的合法性和可行性。海域使用权证书是海洋行政主管部门依法核发的、确认海域使用权的法律凭证，用于确认用海单位或个人对海域的使用权。

一、前置条件

建设项目经批准后，建设单位应当及时将项目批准文件提交海洋行政主管部门。海洋行政主管部门收到项目批准文件后，依法办理海域使用权报批手续。

二、职责

1. 建设单位

自行或委托有关单位编制海域使用论证报告，并向项目所在地的地级以上市海洋行政主管部门提交论证报告和海域使用申请材料。

2. 编制单位

承担海域使用论证报告书的编制工作，海域使用论证应当客观、科学、公正，并符合国家和自治区有关规范和标准。

3. 审批主管部门

受理海域使用论证报告并进行公示和组织专家评审；受理海域使用申请材料，对符合条件的，作出项目海域使用权证书。

三、内容及一般流程

1. 内容

建设项目经审批、核准后，建设单位向受理部门提交海域使用申请材料，受理机关对申请材料进行审查，并组织现场调查和权属核查，必要时受理机关应当对项目用海内容进行公示。符合条件需要报送的，应当在收到申请材料之日起10日内提出初审意见，并将初审意见和申请材料报送审查机关；符合条件不需要报送的，受理机关依法进行审核。审查机关在收到受理机关报送的申请材料后10日内，提出审查意见报送上级审查机关或审核机关；审核机关对报送材料初步审查后，组织专家对申请人提交的海域使用论证报告及相关材料进行评审；必要时征求同级有关部门的意见。对符合条件的，提请同级人民政府批准；不符合条件的，依法告知申请人。海域使用申请经批准后，由审核机关作出项目海域使用权证书。

（1）受理部门。下列项目的海域使用申请，由国家海洋行政主管部门受理：

① 国务院或国务院投资主管部门审批、核准的建设项目；

② 省、自治区、直辖市管理海域以外或跨省、自治区、直辖市管理海域的项目；

③ 国防建设项目；

④ 油气及其他海洋矿产资源勘查开采项目；

⑤ 国家直接管理的海底电缆管道项目；

⑥ 国家级保护区内的开发项目及核心区用海。

上述规定以外的，由县级海洋行政主管部门受理。跨管理海域的，由共同的上一级海洋行政主管部门受理。同一项目用海含不同用海类型的，应当按项目整体受理、审查、审核和报批。

（2）提交海域使用申请材料。申请使用海域的，提交下列材料：

① 海域使用申请书；

② 申请海域的坐标图；

③ 资信等相关证明材料；

④ 油气开采项目提交油田开发总体方案；

⑤ 国家级保护区内开发项目提交保护区管理部门的许可文件；

⑥ 存在利益相关者的，应当提交解决方案或协议。

（3）组织用海审核。受理机关、审查机关、审核机关均需对申请材料进行审查。

受理机关对下列事项进行审查：

① 项目用海是否符合海洋功能区划；

② 申请海域是否设置海域使用权；

③ 申请海域的界址、面积是否清楚。

审查机关对下列事项进行审查：

① 项目用海是否符合海洋功能区划；

② 申请海域是否计划设置其他海域使用权；

③ 申请海域是否存在管辖异议。

审核机关对下列事项进行审查：

① 申请、受理和审查是否符合规定程序和要求；

② 是否符合海洋功能区划和相关规划；

③ 是否符合国家有关产业政策；

④ 是否影响国防安全和海上交通安全；

⑤ 申请海域是否计划设置其他海域使用权；

⑥ 申请海域是否存在管辖异议；

⑦ 海域使用论证结论是否切实可行；

⑧ 申请海域界址、面积是否清楚，有无权属争议。

（4）海域使用权证书。海域使用申请经批准后，由审核机关作出项目海域使用权证书，内容包括：

① 批准使用海域的面积、位置、用途和期限；

② 海域使用金征收金额、缴纳方式、地点和期限；

③ 办理海域使用权登记和领取海域使用权证书的地点和期限；

④ 逾期的法律后果；

⑤ 海域使用要求；

⑥ 其他有关的内容。

（5）缴纳海域使用金。国家实行海域有偿使用制度，建设单位在收到海域使用金缴款通知后按照要求完成海域使用金缴纳。符合海域使用金减缴、免缴条件的，由海域使用申请人根据海域使用金征收使用有关规定提出减免海域使用金申请。未按规定缴纳海域使用金的（经批准减免海域使用金的除外），不予办理海域使用权不动产登记手续。

（6）办理海域使用权不动产登记。海域使用申请经依法批准后，国务院批准用海的，由国务院海洋行政主管部门登记造册，向海域使用申请人颁发海域使用权证书；地方人民政府批准用海的，由地方人民政府登记造册，向海域使用申请人颁发海域使用权证书。海域使用申请人自领取海域使用权证书之日起，取得海域使用权。颁发海域使用权证书，应当向社会公告。

建设单位在使用海域期间，未经依法批准，不得从事海洋基础测绘。不得擅自改变经批准的海域用途，确需改变的应当在符合海洋功能区划的前提下，报原批准用海的审核机关批准。

海域使用权期限届满，建设单位需要继续使用海域的，应当至迟于期限届满前2个月向原批准用海的人民政府申除根据公共利益或者国家安全需要收回海域使用权的外，原批准用海的人民政府应当批准续期。准予续期的，海域使用权人应当依法缴纳海域使用金。海域使用权期满，未申请续期或者申请续期未获批准的，海域使用权终止。海域使用权终止后，原建设单位应当拆除可能造成海洋环境污染或者影响其他用海项目的用海设施和构筑物。

2. 一般流程

海域使用权证书的办理，不同省、直辖市需要的材料及办理流程各有不同，但是所有的省、直辖市都有成熟的办事指南及办理流程。因此办理前，到项目所在地的省、直辖市进行详细沟通、了解即可。

四、办理周期

自开展海域使用论证报告编制至取得海域使用权，一般需要3～5个月。

五、风险提示

《中华人民共和国海域使用管理法》（2002年1月1日实施）。

第四十二条　未经批准或者骗取批准，非法占用海域的，责令退还非法占用的海域，恢复海域原状，没收违法所得，并处非法占用海域期间内该海域面积应缴纳的海域使用金五倍以上十五倍以下的罚款；对未经批准或者骗取批准，进行围海、填海活动的，并处非法占用海域期间内该海域面积应缴纳的海域使用金十倍以上二十倍以下的罚款。

第四十五条　违反本法第二十六条规定，海域使用权期满，未办理有关手续仍继续使用海域的，责令限期办理，可以并处一万元以下的罚款；拒不办理的，以非法占用海域论处。

第四十六条　违反本法第二十八条规定，擅自改变海域用途的，责令限期改正，没收违法所得，并处非法改变海域用途的期间内该海域面积应缴纳的海域使用金五倍以上十五倍以下的罚款；对拒不改正的，由颁发海域使用权证书的人民政府注销海域使用权证书，收回海域使用权。

第四十七条　违反本法第二十九条第二款规定，海域使用权终止，原海域使用权人不按规定拆除用海设施和构筑物的，责令限期拆除；逾期拒不拆除的，处五万元以下的罚款，并由县级以上人民政府海洋行政主管部门委托有关单位代为拆除，所需费用由原海域使用权人承担。

第四十八条　违反本法规定，按年度逐年缴纳海域使用金的海域使用权人不按期缴纳海域使用金的，限期缴纳；在限期内仍拒不缴纳的，由颁发海域使用权证书的人民政府注销海域使用权证书，收回海域使用权。

第六节　项目核准

建设项目核准是项目获得国家或地方认可、批准的重要步骤，也是建设项目开展下步工作的前提，《国务院关于投资体制改革的决定》规定："不按规定履行相应核准或许可手续而擅自开工建设的项目，要责令其停止建设，并依法追究有关企业和人员的责任"，根据《国务院关于发布政府核准的投资项目目录（2016年本）的通知》（国发〔2016〕72号），跨境、跨省（区、市）干线输油管网项目（不含油田集输管网）由国务院投资主管部门核准，其中跨境项目报国务院备案，其余项目由地方政府核准；跨境、跨省（区、市）干线输气管网项目（不含油气田集输管网）由国务院投资主管部门核准，其中跨境项目报国务院备案，其余项目由地方政府核准。

一、前置条件

项目申报单位在申请项目核准之前应取得建设项目用地预审与选址意见书，完成社会稳定风险评估报告备案，并编制项目申请报告一同报送政府主管部门。

二、职责

1. 建设单位

国家核准项目涉及多个省、直辖市时，一般由建设单位统一组卷上报；只涉及一个省、直辖市时，可以通过项目所在地省、直辖市和计划单列市人民政府有关部门转送项目申请书。

2. 审批主管部门

接到建设单位审查申请后，地方人民政府有关部门应当自收到项目申请书之日起5个工作日内转送核准机关，核准机关组织专家对相应报告进行审查，通过后出具核准文件。

三、内容及一般流程

1. 内容

根据国家发改委颁布的《固定资产投资项目核准办事指南》，由国家核准的跨省油气管道项目申报时需要提供以下资料。

（1）计划单列企业集团、中央管理企业上报、省级发展改革部门转报的项目核准请示文件（一式5份）。

（2）项目申请报告（一式5份）。

（3）根据国家法律法规规定，附送以下文件（一式1份）。

① 自然资源行政主管部门出具的建设项目用地预审与选址意见书（仅指以划拨方式提供国有土地使用权的项目，自然资源行政主管部门明确可不进行用地预审的情形除外）；

② 位于我国境内的项目需项目所在地人民政府或其有关部门认定的《项目社会稳定风险评估报告》；

③ 项目招标内容；

④ 计划单列企业集团、中央管理企业单独上报的项目应附项目所在地省级发改委意见。

其中，项目申请报告应在核准附件办理完毕，（预）可行性研究报告通过评审后开始编制。国家发改委制定了《项目申请报告通用文本》以及说明，对项目申请报告编写具体内容及深度提出要求，并作了相关说明。项目申请主要包括项目申报单位情况、拟建项目情况、建设用地与相关规划、资源利用与能源耗用分析、生态环境影响分析、经济和社会效果分析等内容。依据《国家发展改革委关于发布项目申请报告通用文本的通知》，项目申请报告的编制要遵循《项目申请报告通用文本》的要求，同时参考"关于《项目申请报告通用文本》的说明"。

2. 一般流程

根据最新的《企业投资项目核准和备案管理条例》规定，项目核准由企业自行上报或由项目所在省、直辖市和计划单列市人民政府有关部门转报。

基建项目核准办理工作一般流程如图1-5所示。

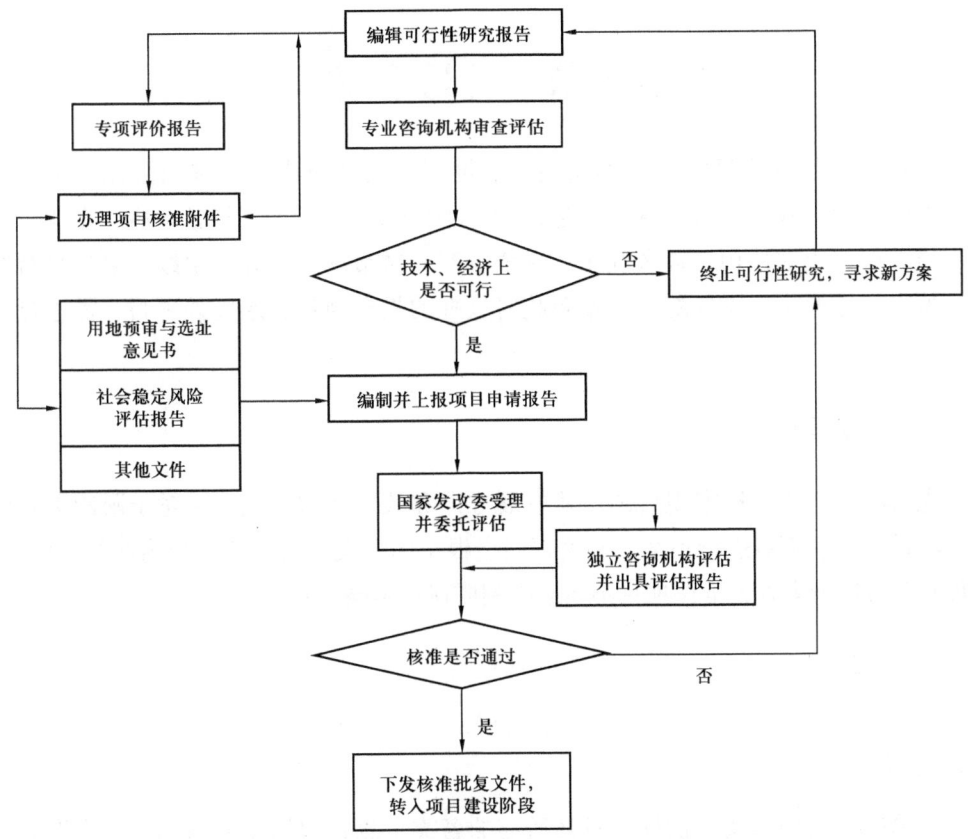

图 1-5　基建项目核准办理工作一般流程示意图

四、办理周期

社会稳定性评价、规划选址意见和用地预审等核准附件办理周期约为 6 个月，办理核准批复一般需要 2~3 个月。

五、风险提示

《企业投资项目核准和备案管理办法》（2017 年 4 月 8 日实施）

第五十六条　实行核准管理的项目，企业未依法办理核准手续开工建设或者未按照核准的建设地点、建设规模、建设内容等进行建设的，由核准机关责令停止建设或者责令停产，对企业处项目总投资额 1‰ 以上 5‰ 以下的罚款；对直接负责的主管人员和其他直接责任人员处 2 万元以上 5 万元以下的罚款，属于国家工作人员的，依法给予处分。项目应视情况予以拆除或者补办相关手续。

以欺骗、贿赂等不正当手段取得项目核准文件，尚未开工建设的，由核准机关撤销核准文件，处项目总投资额 1‰ 以上 5‰ 以下的罚款；已经开工建设的，依照前款规定予以处罚；构成犯罪的，依法追究刑事责任。

第七节 项目备案

项目备案是指企业投资建设不使用政府性资金的非重大项目和非限制类项目，按照属地原则向地方政府投资主管部门进行的一种信息登记行为。经备案后，企业可依法办理环境保护、土地使用、资金利用、安全生产、城市规划等许可手续，之后自行组织建设。值得注意的是，国务院关于发布政府核准的投资项目目录以外项目，需进行项目备案。

一、前置条件

首先，项目应符合国家现行的产业发展方向和政策要求。例如，对于限制类和淘汰类产业项目，一般不能进行备案。相关部门会根据国家发布的《产业结构调整指导目录》等文件对项目进行审查，确保项目不属于限制或淘汰范畴。

二、职责

1. 建设单位

建设单位有责任如实提供项目备案所需的各类信息，包括项目名称、建设地点、建设规模、建设内容、投资总额和资金来源等。确保所提供的信息真实、准确、完整，不得虚报、瞒报项目情况。

在项目备案前，应积极开展项目的前期调研和准备工作。这包括进行市场分析，确定项目的可行性和必要性；进行技术研究，选择合适的技术方案和设备；开展环境影响评价等专项评估，确保项目符合环保要求。

2. 审批主管部门

备案机关收到全部备案信息即为备案，建设单位告知的信息不齐全的，备案机关应当指导建设单位补正。

三、内容及一般流程

1. 内容

建设单位需要提供项目名称、建设地点、建设规模及内容、总投资、资金来源、投资进度安排、建设周期、项目进度计划、主要建设条件、项目单位信息、产业政策符合情况和项目社会效益等。

2. 一般流程

基建项目备案手续办理工作一般流程如图 1-6 所示。

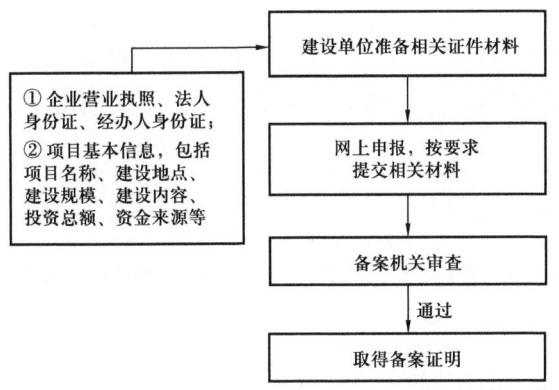

图 1-6 基建项目备案手续办理工作一般流程示意图

四、办理周期

备案所需材料准备时间一般需要 1~3 个月，所有材料提交后，7 个工作日左右备案完成。

五、风险提示

《企业投资项目核准和备案管理办法》（2017 年 4 月 8 日实施）。

第五十七条 实行备案管理的项目，企业未依法将项目信息或者已备案项目信息变更情况告知备案机关，或者向备案机关提供虚假信息的，由备案机关责令限期改正；逾期不改正的，处 2 万元以上 5 万元以下的罚款。

第八节 项目审批

项目审批是政府采取直接投资方式、资本金注入方式投资的，项目单位编制项目建议书、可行性报告、初步设计，按照政府投资管理权限和规定的程序，报投资主管部门或者其他有关部门审批的过程。

一、前置条件

政府投资资金应当投向市场不能有效配置资源的社会公益服务、公共基础设施、农业农村、生态环境保护、重大科技进步、社会管理、国家安全等公共领域的项目，以非经营性项目为主。

二、职责

1. 建设单位

建设单位应当编制项目建议书、可行性研究报告、初步设计,同时应加强地方报批报建、专项评价及专题评估、用地预审与选址意见书等前期工作,保证工作深度达到相应规定的要求。

2. 审批主管部门

按照国家要求对建设单位提交的项目建议书、可行性研究报告、初步设计进行审批。

三、内容及一般流程

1. 内容

项目审批主要分3个环节。

1) 项目建议书审批

建设单位自行编制或委托工程咨询单位编制项目建议书,经行业主管部门审核后,报审批部门;审批部门对符合有关规定、确有必要建设的项目批复项目建议书。

2) 可行性研究报告审批

建设单位依据项目建议书批复文件,组织编制可行性研究报告,并按规定向自然资源和规划部门申请办理项目用地预审和选址意见书,经行业主管部门审核后,报审批部门;审批部门对符合有关规定、具备建设条件的项目批复可行性研究报告。

3) 初步设计(及概算)审批

建设单位依据可行性研究报告批复文件,委托具有相应资质的设计单位组织编制初步设计,经行业主管部门审核后,报审批部门审批,审批部门对符合有关规定及可行性研究报告批复内容的项目批复初步设计。

2. 一般流程

项目审批手续办理工作一般流程如图1-7所示。

四、办理周期

由于审批过程中需取得用地预审与选址意见书、专项评价等手续,办理周期需结合具体项目而定,一般需要1~3年。

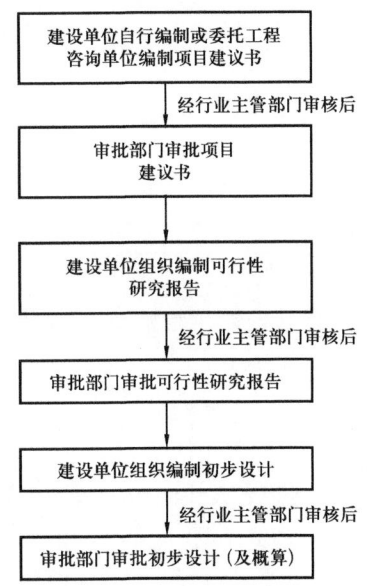

图 1-7 项目审批手续办理工作一般流程示意图

五、风险提示

《政府投资条例》(2019年7月1日实施)。

第三十四条 项目单位有下列情形之一的,责令改正,根据具体情况,暂停、停止拨付资金或者收回已拨付的资金,暂停或者停止建设活动,对负有责任的领导人员和直接责任人员依法给予处分:

(一)未经批准或者不符合规定的建设条件开工建设政府投资项目;

(二)弄虚作假骗取政府投资项目审批或者投资补助、贷款贴息等政府投资资金;

(三)未经批准变更政府投资项目的建设地点或者对建设规模、建设内容等作较大变更;

(四)擅自增加投资概算;

(五)要求施工单位对政府投资项目垫资建设;

(六)无正当理由不实施或者不按照建设工期实施已批准的政府投资项目。

第三十五条 项目单位未按照规定将政府投资项目审批和实施过程中的有关文件、资料存档备查,或者转移、隐匿、篡改、毁弃项目有关文件、资料的,责令改正,对负有责任的领导人员和直接责任人员依法给予处分。

第二章
项目实施阶段

第一节 安全设施设计审查

为加强建设项目安全管理，预防和减少生产安全事故，保障从业人员生命和财产安全，应急管理部规定在建设项目初步设计时，建设单位应当委托有相应资质的设计单位对建设项目安全设施（与主体工程）同时进行设计，编制安全设施设计，并向安全生产监督管理部门提出审查申请。

一、前置条件

安全设施设计，又称安全设施设计专篇，在初步设计阶段开展，以（预）可行性研究以及安全评价为基础进行编制。前置条件主要包括项目立项文件，审批、核准或备案文件，（预）可行性研究报告及批复，初步设计报告，安全评价报告及批复，前期地方相关部门报批批复文件。

二、职责

建设单位一般委托初步设计单位根据初步设计内容、安全评价报告及批复完成。

1. 建设单位

建设单位为安全设施设计单位提供初步设计报告、安全评价报告及其批复文件等设计文件编制所需基础资料。建设单位在报告完成后组织进行初步审查，通过后负责向出具建设项目安全条件审查意见书的安全生产监督管理部门申请建设项目安全设施设计审查，并按照审查意见组织设计单位修改完善设计内容。

2. 设计单位

设计单位在接到建设单位编制任务后，根据安全评价报告及其批复文件，调整优化初步设计，落实安全评价及其批复提出的安全设施建议，并形成安全设施设计专篇。经建设单位初步审查后，与其一同向审批主管部门提出审查申请，接受主管部门审查，并按照审查意见修改完善。

3. 审批主管部门

接到建设单位审查申请后，按照时限要求组织专家对相应报告进行审查，通过后出具批复文件。

三、内容及一般流程

1. 内容

建设单位在项目初步设计时,应当委托有相应资质的设计单位对建设项目安全设施同时进行设计,编制安全设施设计。

建设单位应当在建设项目初步设计完成后、详细设计开始前,向出具建设项目安全条件审查意见书的安全生产监督管理部门申请建设项目安全设施设计审查。建设单位申请安全设施设计审查的文件、资料齐全,符合法定形式的,安全生产监督管理部门应当当场予以受理;未经安全条件审查或者审查未通过的,不予受理。受理或者不予受理的情况,安全生产监督管理部门应当书面告知建设单位。安全设施设计审查申请文件、资料不齐全或者不符合要求的,安全生产监督管理部门应当自收到申请文件、资料之日起5个工作日内一次性书面告知建设单位需要补正的全部内容;逾期不告知的,收到申请文件、资料之日起即为受理。

对已经受理的建设项目安全设施设计审查申请,安全生产监督管理部门应当指派有关人员或者组织专家对申请文件、资料进行审查,并在受理申请之日起20个工作日内作出同意或者不同意建设项目安全设施设计专篇的决定,向建设单位出具建设项目安全设施设计的审查意见书;20个工作日内不能出具审查意见的,经本部门负责人批准,可以延长10个工作日,并应当将延长的期限和理由告知建设单位。根据法定条件和程序,需要对申请文件、资料的实质内容进行核实的,安全生产监督管理部门应当指派两名以上工作人员进行现场核查。建设单位整改现场核查发现的有关问题和修改申请文件、资料所需时间不计算在本条规定的期限内。

建设项目的施工单位必须按照批准的安全设施设计施工,并对安全设施的工程质量负责。

建设项目竣工投入生产或者使用前,应当由建设单位负责组织对安全设施进行验收,验收合格后,方可投入生产和使用。安全生产监督管理部门应当加强对建设单位验收活动和验收结果的监督核查。

2. 一般流程

项目安全设施设计审查工作一般流程如图2-1所示。

四、办理周期

跨省项目需国家应急管理部批复,一般需要3~5个月,省内项目需省应急管理厅批复,一般需要1~3个月。

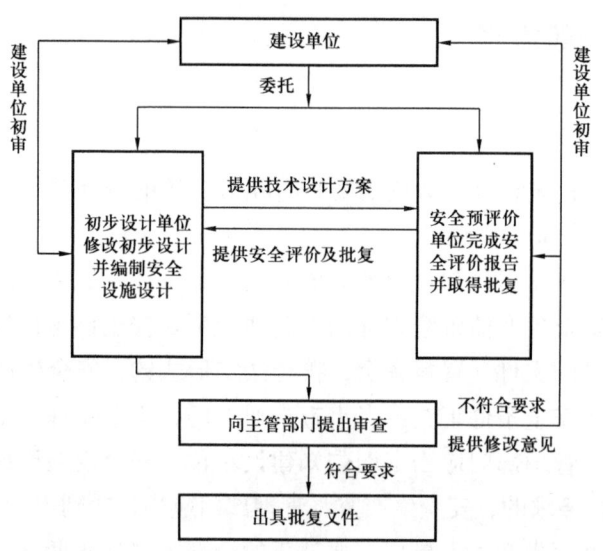

图 2-1 项目安全设施设计审查工作一般流程示意图

五、风险提示

（1）《中华人民共和国安全生产法》（2021 年 9 月 1 日实施）。

第九十八条（节选） 生产经营单位有下列行为的，责令停止建设或者停产停业整顿，限期改正，并处十万元以上五十万元以下的罚款，对其直接负责的主管人员和其他直接责任人员处二万元以上五万元以下的罚款；逾期未改正的，处五十万元以上一百万元以下的罚款，对其直接负责的主管人员和其他直接责任人员处五万元以上十万元以下的罚款；构成犯罪的，依照刑法有关规定追究刑事责任：矿山、金属冶炼建设项目或者用于生产、储存、装卸危险物品的建设项目没有安全设施设计或者安全设施设计未按照规定报经有关部门审查同意的。

（2）《建设项目安全设施"三同时"监督管理办法》（2015 年 5 月 1 日实施）。

第二十八条（节选） 生产经营单位对本办法第七条第（一）项、第（二）项、第（三）项和第（四）项规定的建设项目有下列情形的，责令停止建设或者停产停业整顿，限期改正；逾期未改正的，处 50 万元以上 100 万元以下的罚款，对其直接负责的主管人员和其他直接责任人员处 2 万元以上 5 万元以下的罚款；构成犯罪的，依照刑法有关规定追究刑事责任：没有安全设施设计或者安全设施设计未按照规定报经安全生产监督管理部门审查同意，擅自开工的。

第二十九条 已经批准的建设项目安全设施设计发生重大变更，生产经营单位未报原批准部门审查同意擅自开工建设的，责令限期改正，可以并处 1 万元以上 3 万元以下的罚款。

第三十条（节选） 本办法第七条第（一）项、第（二）项、第（三）项和第（四）项规定以外的建设项目有下列情形之一的，对有关生产经营单位责令限期改正，可以并处 5000 元以上 3 万元以下的罚款：

（一）没有安全设施设计的；

（二）安全设施设计未组织审查，并形成书面审查报告的。

（3）《危险化学品建设项目安全监督管理办法》（2015 年 7 月 1 日实施）。

第三十四条　安全生产监督管理部门工作人员徇私舞弊、滥用职权、玩忽职守，未依法履行危险化学品建设项目安全审查和监督管理职责的，依法给予处分。

第三十五条　未经安全条件审查或者安全条件审查未通过，新建、改建、扩建生产、储存危险化学品的建设项目的，责令停止建设，限期改正；逾期不改正的，处 50 万元以上 100 万元以下的罚款；构成犯罪的，依法追究刑事责任。建设项目发生本办法第十四条规定的变化后，未重新申请安全条件审查，以及审查未通过擅自建设的，依照前款规定处罚。

第三十六条　建设单位有下列行为之一的，依照《中华人民共和国安全生产法》有关建设项目安全设施设计审查、竣工验收的法律责任条款给予处罚：

（一）建设项目安全设施设计未经审查或者审查未通过，擅自建设的；

（二）建设项目安全设施设计发生本办法第二十一条规定的情形之一，未经变更设计审查或者变更设计审查未通过，擅自建设的；

（三）建设项目的施工单位未根据批准的安全设施设计施工的；

（四）建设项目安全设施未经竣工验收或者验收不合格，擅自投入生产（使用）的。

第三十七条　建设单位有下列行为之一的，责令改正，可以处 1 万元以下的罚款；逾期未改正的，处 1 万元以上 3 万元以下的罚款：

（一）建设项目安全设施竣工后未进行检验、检测的；

（二）在申请建设项目安全审查时提供虚假文件、资料的；

（三）未组织有关单位和专家研究提出试生产（使用）可能出现的安全问题及对策，或者未制定周密的试生产（使用）方案，进行试生产（使用）的；

（四）未组织有关专家对试生产（使用）方案进行审查、对试生产（使用）条件进行检查确认的。

第三十八条　建设单位隐瞒有关情况或者提供虚假材料申请建设项目安全审查的，不予受理或者审查不予通过，给予警告，并自安全生产监督管理部门发现之日起一年内不得再次申请该审查。建设单位采用欺骗、贿赂等不正当手段取得建设项目安全审查的，自安全生产监督管理部门撤销建设项目安全审查之日起三年内不得再次申请该审查。

第三十九条　承担安全评价、检验、检测工作的机构出具虚假报告、证明的，依照《中华人民共和国安全生产法》的有关规定给予处罚。

第二节 消防设计审查

为保证建设工程消防设计质量,国家对特殊建设工程实行消防设计审查制度,特殊建设工程(站场、阀室)的建设单位应当向消防设计审查验收主管部门申请消防设计审查。

一、前置条件

消防设计审查工作在开工前办理,前置条件主要包括消防设计文件(消防施工图设计)、建设工程规划许可证(根据需要)两项。

二、职责

1. 建设单位

组织设计单位准备建设工程消防设计审查申请表等文件,并组织材料上报。

2. 设计单位

完成消防设计文件,并准备设计单位资质证明文件。

3. 审批主管部门

依照消防法规和国家工程建设消防技术标准强制性要求对申报的消防设计文件进行审核。对符合条件的,消防设计审查验收主管部门应当出具消防设计审查合格意见;对不符合条件的,出具消防设计审查不合格意见,并说明理由。

三、内容及一般流程

1. 内容

《建设工程消防设计审查验收管理暂行规定》(中华人民共和国住房和城乡建设部令第58号,2023年10月30日实施)规定:生产、储存、装卸易燃易爆危险物品的工厂、仓库和专用车站、码头,易燃易爆气体和液体的充装站、供应站、调压站等特殊建设工程,应当向消防设计审查验收主管部门申请消防设计审查。特殊建设工程竣工验收后,建设单位应当向消防设计审查验收主管部门申请消防验收;未经消防验收或者消防验收不合格的,禁止投入使用。建设单位申请消防设计审查,应当提交:

(1)消防设计审查申请表;

(2)消防设计文件;

（3）依法需要办理建设工程规划许可的，应当提交建设工程规划许可文件；

（4）依法需要批准的临时性建筑，应当提交批准文件。

2. 一般流程

基建项目消防设计审查工作一般流程如图2-2所示。

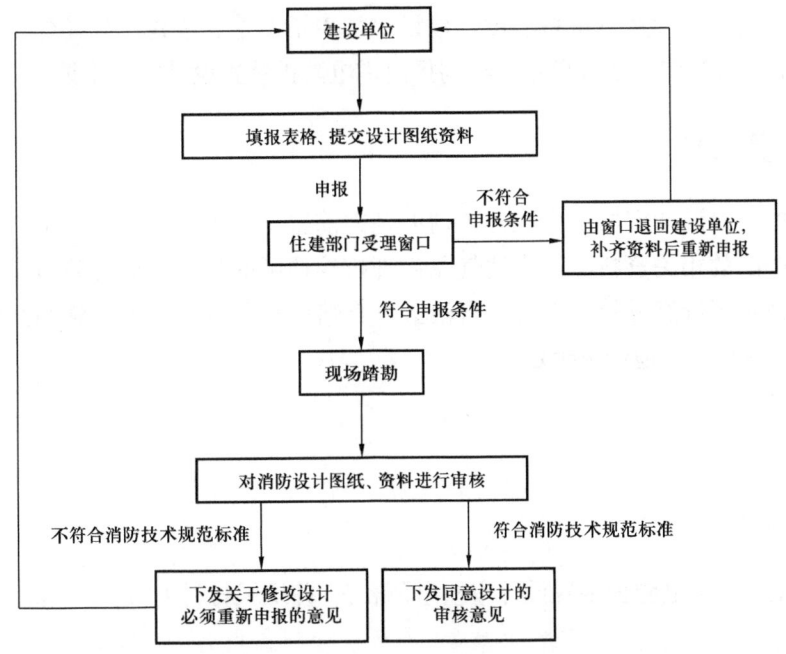

图2-2 基建项目消防设计审查工作一般流程示意图

四、办理周期

应在初步设计完成之后、站场（含阀室）开工前完成，一般需要2~4个月。

五、风险提示

（1）《中华人民共和国消防法》（2021年4月29日实施）。

第十二条 特殊建设工程未经消防设计审查或者审查不合格的，建设单位、施工单位不得施工；其他建设工程，建设单位未提供满足施工需要的消防设计图纸及技术资料的，有关部门不得发放施工许可证或者批准开工报告。

第五十八条（节选） 违反本法规定，有下列行为的，由住房和城乡建设主管部门、消防救援机构按照各自职权责令停止施工、停止使用或者停产停业，并处三万元以上三十万元以下罚款：依法应当进行消防设计审查的建设工程，未经依法审查或者审查不合格，擅自施工的。

（2）《建设工程消防设计审查验收管理暂行规定》（2023年10月30日实施）。

第十五条（节选） 特殊建设工程未经消防设计审查或者审查不合格的，建设单位、施工单位不得施工。

第三节 雷电防护装置设计审核

雷电防护装置设计实行审核制度。建设单位申请新建、改建、扩建建（构）筑物设计文件审查时，应当向当地气象主管机构提出雷电防护装置设计审核申请。

一、前置条件

雷电防护装置设计审核工作在开工前办理，前置条件主要包括设计文件、设计中所采用的防雷产品的相关资料、经当地气象主管机构认可的具有资质的防雷专业技术机构出具的有关技术评价意见等。各省、自治区、直辖市气象主管机构实施细则中规定的内容略有不同，应结合当地情况确定。

二、职责

1. 建设单位

准备并填写《雷电防护装置设计审核申请表》，并组织材料上报。

2. 设计单位

完成雷电防护装置施工图设计，并准备设计单位及人员的资质证明文件。

3. 气象主管机构

受理审核申请材料，委托有关机构开展雷电防护装置设计技术评价，并按照规定进行审核。雷电防护装置设计文件经审核符合要求的，气象主管机构应当颁发《雷电防护装置设计核准意见书》，不符合要求的，气象主管机构出具《不予许可决定书》。

三、内容及一般流程

1. 内容

根据《雷电防护装置设计审核和竣工验收规定》规定，油气场站（含阀室）等易燃易爆建设工程的雷电防护装置应经设计审核和竣工验收。县级以上地方气象主管机构负责本行政区域职责范围内雷电防护装置的设计审核和竣工验收工作。未设气象主管机构的县（市、区），由上一级气象主管机构负责雷电防护装置的设计审核和竣工验收工作。建设单位应当向当地气象主管机构提出雷电防护装置设计审核申请。申请雷电防护装置设计审核应当提交以下材料：

（1）《雷电防护装置设计审核申请表》；

（2）雷电防护装置设计说明书和设计图纸；

（3）设计中所采用的防雷产品相关说明。

气象主管机构应当在收到全部申请材料之日起 5 个工作日内，作出受理或者不予受理的书面决定。气象主管机构应当在受理之日起 10 个工作日内完成审核工作。

2. 一般流程

建设项目防雷装置设计审查办理一般流程如图 2-3 所示。

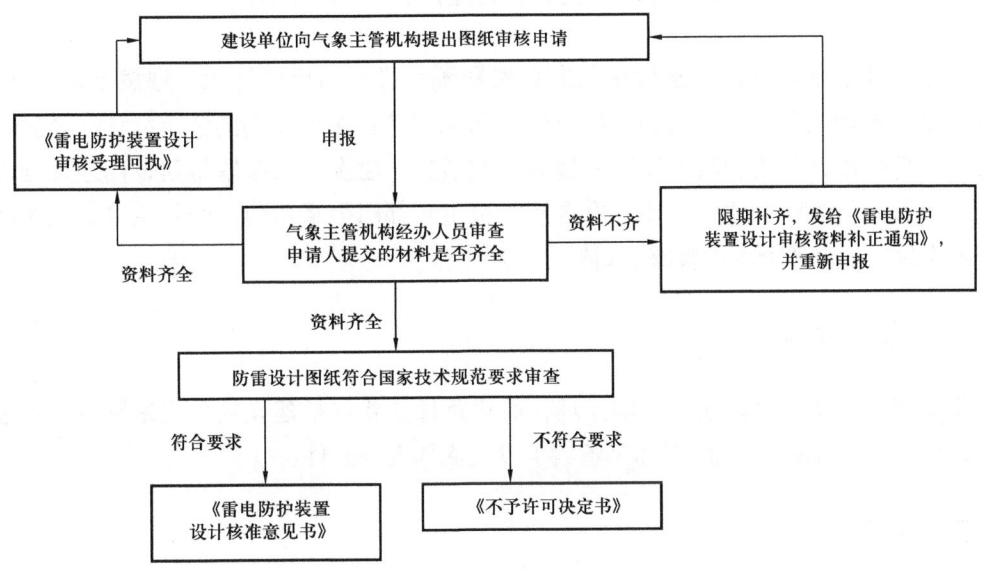

图 2-3　建设项目防雷装置设计审查办理一般流程示意图

四、办理周期

应在初步设计完成之后、站场（含阀室）开工前完成，一般需要 2~4 个月。

五、风险提示

（1）《气象灾害防御条例》（2017 年 10 月 7 日修订）。

第四十五条　违反本条例规定，有下列行为之一的，由县级以上气象主管机构或者其他有关部门按照权限责令停止违法行为，处 5 万元以上 10 万元以下的罚款；有违法所得的，没收违法所得；给他人造成损失的，依法承担赔偿责任：

（一）无资质或者超越资质许可范围从事雷电防护装置检测的；

（二）在雷电防护装置设计、施工、检测中弄虚作假的；

（三）违反本条例第二十三条第三款的规定，雷电防护装置未经设计审核或者设计审核不合格施工的，未经竣工验收或者竣工验收不合格交付使用的。

（2）《雷电防护装置设计审核和竣工验收规定》（2021年1月1日实施）。

第二十四条　申请单位隐瞒有关情况、提供虚假材料申请设计审核或者竣工验收许可的，有关气象主管机构不予受理或者不予行政许可，并给予警告。

第二十五条　申请单位以欺骗、贿赂等不正当手段通过设计审核或者竣工验收的，有关气象主管机构按照权限给予警告，撤销其许可证书，可以并处三万元以下罚款；构成犯罪的，依法追究刑事责任。

第四节　建设用地规划许可证

建设用地规划许可证是建设单位向自然资源主管部门申请征用、划拨土地的前提，经政府城乡规划主管部门确认建设项目位置和范围符合城市规划的法定凭证，是保证城市土地合理使用，防止和减少违法占地的有效措施。建设单位在取得建设用地规划许可证后，方可向县级以上地方人民政府自然资源主管部门申请用地，经县级以上人民政府审查批准后，由自然资源主管部门划拨、征用土地。

一、前置条件

建设用地规划许可证在开工前办理，前置条件主要包括建设项目用地预审与选址意见书、项目立项批复（审批/核准/备案）以及规划设计条件。

二、职责

1. 建设单位

准备申报材料并提出申请。

2. 自然资源主管部门

城市、县人民政府自然资源主管部门依据控制性详细规划核定建设用地的位置、面积、允许建设的范围，核发建设用地规划许可证。

三、内容及一般流程

1. 内容

采用划拨方式办理建设用地规划许可证一般需要提供以下资料。

（1）建设用地规划许可证申请表（加盖单位公章）。

（2）划拨土地使用权申报表。
（3）用地单位营业执照及法人代表身份证明，授权委托书及被委托人身份证明。
（4）项目批准、核准、备案文件（原件）。
（5）地质灾害评估报告（原件，应提供划拨方式）。
（6）相应主管部门的意见（原件，涉及环境保护、风景区、危化安全、文物保护、水系、交通、电力设施、地质灾害等要求）。
（7）占用林地应当向县级以上人民政府林业主管部门提出用地申请，经审核同意后，按照国家规定的标准预交森林植被恢复费，领取使用林地审核同意书。用地单位凭使用林地审核同意书依法办理建设用地审批手续。占用或者征收、征用林地未经林业主管部门审核同意的，土地行政主管部门不得受理建设用地申请。
（8）建设项目总平面图（原件）。
（9）用地预审和选址意见书（原件）。
（10）土地前期调查情况（土地分类表，补偿到位证明，转征收批复及勘测定界图）。
（11）用地红线图及坐标册（原件，加40带号的国家2000坐标）。

采用出让方式办理建设用地规划许可证一般需要提供以下资料：
（1）建设用地规划许可证申请表（加盖单位公章）；
（2）出让国有土地使用权申报表；
（3）用地单位营业执照及法人代表身份证明，授权委托书及被委托人身份证明；
（4）项目批准、核准或备案文件（原件，备案或核准）；
（5）出让合同（含规划条件书）及相关补充协议（原件）；
（6）土地出让金（含违约金）支付凭证；
（7）挂牌竞买成交确认书；
（8）土地前期调查情况（土地分类表，补偿到位证明，转征收批复及勘测定界图）；
（9）用地红线图及坐标册（原件，加40带号的国家2000坐标）；
（10）交地确认书。

其他特殊要求提供的文件，不同地区可能不同，办理前应到地方主管部门进行咨询。

2. 一般流程

基建项目建设用地规划许可证工作一般流程如图2-4所示。
值得注意的是，不同省、自治区、直辖市办理建设用地规划许可证所需提供的资料及办理流程略有不同，具体办理过程中应先到相关部门进行沟通，了解清楚后再根据具体要求办理。

四、办理周期

应在用地预审和选址意见书完成后、不动产权登记证之前完成，一般需要4~6个月。

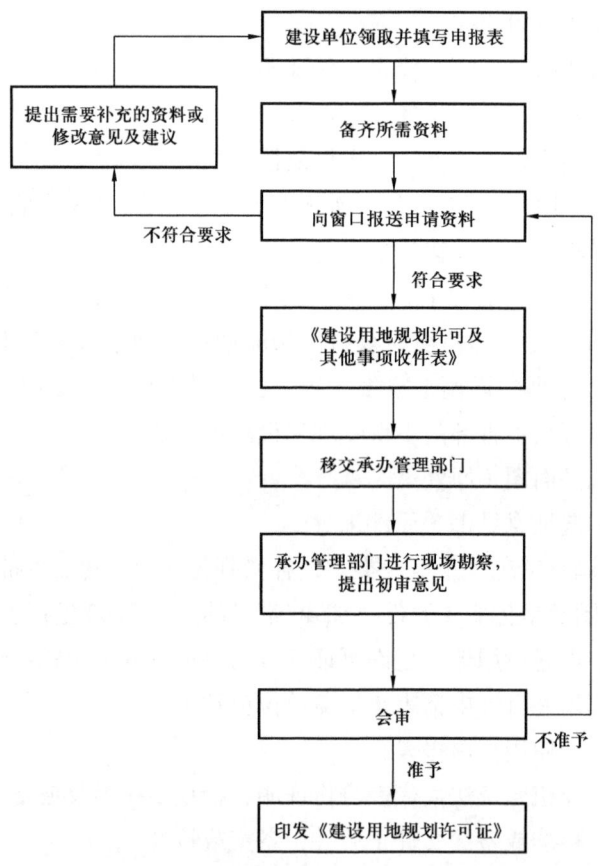

图 2-4 基建项目建设用地规划许可证工作一般流程示意图

五、风险提示

《中华人民共和国城乡规划法》（2019年4月23日实施）。

第三十九条 规划条件未纳入国有土地使用权出让合同的，该国有土地使用权出让合同无效；对未取得建设用地规划许可证的建设单位批准用地的，由县级以上人民政府撤销有关批准文件；占用土地的，应当及时退回；给当事人造成损失的，应当依法给予赔偿。

第五节 建设工程规划许可证

建设工程规划许可证是有关建设工程符合城市规划要求的法律凭证。在城市规划区内新建、扩建管线和其他工程设施，必须持有关批准文件向城市规划行政主管部门提出申请，由城市规划行政主管部门根据城市规划提出的规划设计要求，核发建设工程规划许可证件。建设工程规划许可证是申请办理施工许可证的前提条件，未取得建设工程规划许可证，不得申请办理开工手续。

一、前置条件

主要前置条件包括核发的建设用地规划许可证或国有证明文件、建设工程设计方案、建设工程施工图设计文件以及法律、法规规定的其他材料。

二、职责

1. 建设单位

准备申报材料并提出申请。

2. 城乡规划主管部门

城市、县人民政府城乡规划主管部门或者省、自治区、直辖市人民政府确定的镇人民政府依法审查核发建设工程规划许可证，并依法将经审定的修建性详细规划、建设工程设计方案的总平面图予以公布。

三、内容及一般流程

1. 内容

办理建设工程规划许可证一般需要提供以下资料。
（1）建设单位填写并加盖单位印章的规划许可申请表。
（2）建设工程设计方案——具有相应资质单位设计的施工图和电子文件。
（3）建设项目批准、核准、备案文件或者相关文件。
（4）前期规划管理文件，包括选址意见书或规划条件、建设工程设计方案。
（5）相关协议及证明。通过公路、河道、铁路、桥梁、城市轨道等，须提供有关管理部门的审批意见。
（6）使用国有土地的有关证明文件。需临时占用土地的，提交土地管理部门批准的临时使用土地文件；需永久占用土地的，提交建设用地批准书。
（7）需要建设单位编制修建性详细规划的建设项目，还应当提交修建性详细规划。
（8）建设单位出具的申报委托书。

2. 一般流程

基建项目建设工程规划许可证办理一般流程如图 2-5 所示。
值得注意的是，不同省、自治区、直辖市办理建设工程规划许可证所需提供的资料及办理流程略有不同，具体办理过程中应先到相关部门进行沟通，了解清楚后再根据具体要求办理。

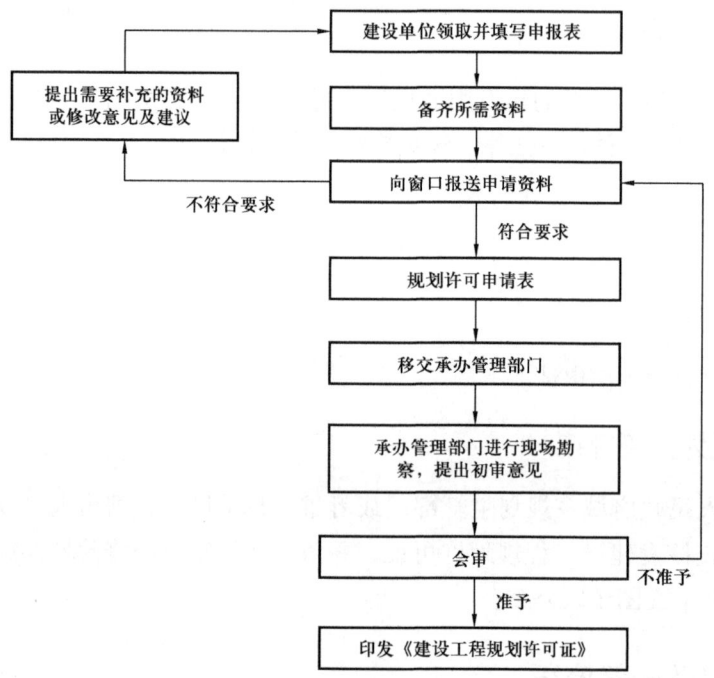

图 2-5 基建项目建设工程规划许可证办理一般流程示意图

四、办理周期

应在不动产权登记证办理完成后、消防验收前完成,一般需要 3~6 个月。

五、风险提示

《中华人民共和国城乡规划法》(2019 年 4 月 23 日实施)。

第六十四条 未取得建设工程规划许可证或者未按照建设工程规划许可证的规定进行建设的,由县级以上地方人民政府城乡规划主管部门责令停止建设;尚可采取改正措施消除对规划实施的影响的,限期改正,处建设工程造价百分之五以上百分之十以下的罚款;无法采取改正措施消除影响的,限期拆除,不能拆除的,没收实物或者违法收入,可以并处建设工程造价百分之十以下的罚款。

第六十五条 在乡、村庄规划区内未依法取得乡村建设规划许可证或者未按照乡村建设规划许可证的规定进行建设的,由乡、镇人民政府责令停止建设、限期改正;逾期不改正的,可以拆除。

第六十六条 建设单位或者个人有下列行为之一的,由所在地城市、县人民政府城乡规划主管部门责令限期拆除,可以并处临时建设工程造价一倍以下的罚款:

(一)未经批准进行临时建设的;

(二)未按照批准内容进行临时建设的;

（三）临时建筑物、构筑物超过批准期限不拆除的。

第六十七条　建设单位未在建设工程竣工验收后六个月内向城乡规划主管部门报送有关竣工验收资料的，由所在地城市、县人民政府城乡规划主管部门责令限期补报；逾期不补报的，处一万元以上五万元以下的罚款。

第六十八条　城乡规划主管部门作出责令停止建设或者限期拆除的决定后，当事人不停止建设或者逾期不拆除的，建设工程所在地县级以上地方人民政府可以责成有关部门采取查封施工现场、强制拆除等措施。

第六节　建筑工程施工许可证

建筑工程施工许可证是建筑施工单位符合各种施工条件、允许开工的批准文件，是建设单位进行工程施工的法律凭证，也是房屋权属登记的主要依据之一。没有施工许可证的建设项目均属违章建筑，不受法律保护。当各种施工条件完备时，建设单位应持有关批准文件向所在地县级以上人民政府住房城乡建设主管部门申请办理施工许可证手续，领取施工许可证，未取得施工许可证的不得擅自开工。

一、前置条件

主要前置条件包括工程项目用地手续、规划手续以及具备相应施工条件。

二、职责

1. 建设单位

准备申报材料并提出申请。

2. 住房城乡建设主管部门

住房城乡建设主管部门依法受理，审查核发建设工程施工许可证。

三、内容及一般流程

1. 内容

办理建设工程施工许可证一般需要满足以下条件。
（1）依法应当办理用地批准手续的，已经办理该建筑工程用地批准手续。
（2）依法应当办理建设工程规划许可证的，已经取得建设工程规划许可证。
（3）施工场地已经基本具备施工条件，需要征收房屋的，其进度符合施工要求。

(4)已经确定施工企业。按照规定应当招标的工程没有招标,应当公开招标的工程没有公开招标,或者肢解发包工程,以及将工程发包给不具备相应资质条件的企业的,所确定的施工企业无效。

(5)有满足施工需要的资金安排、施工图纸及技术资料。建设单位应当提供建设资金已经落实的承诺书,施工图设计文件已按规定审查合格。

(6)有保证工程质量和安全的具体措施。施工企业编制的施工组织设计中有根据建筑工程特点制定的相应质量、安全技术措施。建立工程质量安全责任制并落实到人。专业性较强的工程项目编制了专项质量、安全施工组织设计,并按照规定办理了工程质量、安全监督手续。

2. 一般流程

建筑工程施工许可证办理一般流程如图2-6所示。

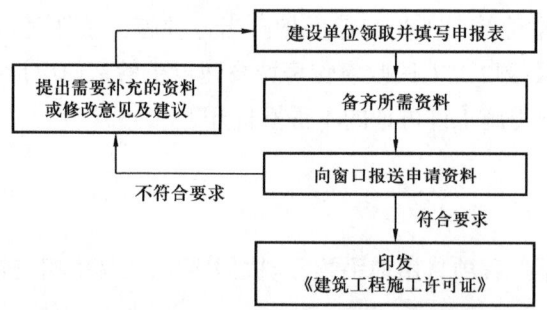

图2-6 建筑工程施工许可证办理一般流程示意图

值得注意的是,不同省、直辖市及自治区办理建筑工程施工许可证所需提供的资料略有不同,具体办理过程中应先到相关部门进行沟通,了解清楚后再根据具体要求办理。

四、办理周期

应在建设工程规划许可证取得后办理,一般需要1~2个月。

五、风险提示

(1)《中华人民共和国建筑法》(2019年4月23日实施)。

第九条 建设单位应当自领取施工许可证之日起三个月内开工。因故不能按期开工的,应当向发证机关申请延期;延期以两次为限,每次不超过三个月。既不开工又不申请延期或者超过延期时限的,施工许可证自行废止。

第十条 在建的建筑工程因故中止施工的,建设单位应当自中止施工之日起一个月内,向发证机关报告,并按照规定做好建筑工程的维护管理工作。

建筑工程恢复施工时,应当向发证机关报告;中止施工满一年的工程恢复施工前,建设单位应当报发证机关核验施工许可证。

第六十四条　违反本法规定，未取得施工许可证或者开工报告未经批准擅自施工的，责令改正，对不符合开工条件的责令停止施工，可以处以罚款。

（2）《建筑工程施工许可管理办法》（2021年3月30日实施）。

第十二条　对于未取得施工许可证或者为规避办理施工许可证将工程项目分解后擅自施工的，由有管辖权的发证机关责令停止施工，限期改正，对建设单位处工程合同价款1%以上2%以下罚款；对施工单位处3万元以下罚款。

第十三条　建设单位采用欺骗、贿赂等不正当手段取得施工许可证的，由原发证机关撤销施工许可证，责令停止施工，并处1万元以上3万元以下罚款；构成犯罪的，依法追究刑事责任。

第十四条　建设单位隐瞒有关情况或者提供虚假材料申请施工许可证的，发证机关不予受理或者不予许可，并处1万元以上3万元以下罚款；构成犯罪的，依法追究刑事责任。建设单位伪造或者涂改施工许可证的，由发证机关责令停止施工，并处1万元以上3万元以下罚款；构成犯罪的，依法追究刑事责任。

第十五条　依照本办法规定，给予单位罚款处罚的，对单位直接负责的主管人员和其他直接责任人员处单位罚款数额5%以上10%以下罚款。单位及相关责任人受到处罚的，作为不良行为记录予以通报。

第七节　不动产权登记证

不动产登记证主要指的是管道站场（含阀室）、伴行道路等涉及永久占地的建设用地批准书和国有土地划拨决定书或国有土地有偿使用合同的办理。《中华人民共和国土地管理法》规定任何单位和个人进行建设，需要使用土地的，必须依法申请使用国有土地。

建设项目施工和地质勘察需要临时使用国有土地或者农民集体所有的土地的，由县级以上人民政府自然资源部门批准。其中，在城市规划区内的临时用地，在报批前，应当先经自然资源部门同意。

一、前置条件

前置条件主要包括建设项目用地预审与选址意见书、项目立项批复（审批/核准/备案）以及建设用地规划许可证。

二、职责

（1）建设项目需要占用土地利用总体规划确定的，城市建设用地范围内的国有建设用地的，建设单位持建设项目的有关批准文件，向市、县人民政府自然资源部门提出建设用地申请，由市、县人民政府自然资源部门审查，拟订供地方案，报市、县人民政府批准；需要上级人民政府批准的，应当报上级人民政府批准。供地方案经批准后，由市、县人民政府向建设单位颁发建设用地批准书。

（2）建设项目确需使用土地利用总体规划确定的城市建设用地范围外的土地，涉及农用地的，建设单位持建设项目的有关批准文件，向市、县人民政府自然资源部门提出建设用地申请，由市、县人民政府自然资源部门审查，拟订农用地转用方案、补充耕地方案、征收土地方案和供地方案（涉及国有农用地的，不拟订征收土地方案），经市、县人民政府审核同意后，逐级上报有批准权的人民政府批准。其中，补充耕地方案由批准农用地转用方案的人民政府在批准农用地转用方案时一并批准；供地方案由批准征收土地的人民政府在批准征收土地方案时一并批准（涉及国有农用地的，供地方案由批准农用地转用的人民政府在批准农用地转用方案时一并批准）。农用地转用方案、补充耕地方案、征收土地方案和供地方案经批准后，由市、县人民政府组织实施，向建设单位颁发建设用地批准书。

（3）有偿使用国有土地的，由市、县人民政府自然资源部门与土地使用者签订国有土地有偿使用合同；划拨使用国有土地的，由市、县人民政府自然资源部门向土地使用者核发国有土地划拨决定书。

三、内容及一般流程

1. 内容

办理建设不动产权登记证一般需要提供以下资料：

（1）建设用地呈报"一书四方案"❶；
（2）《建设用地申请表》；
（3）建设单位有关资质证明；
（4）建设项目用地预审批复文件；
（5）建设项目批准、核准或备案文件；
（6）建设项目初步设计批准文件；
（7）建设用地规划许可证及规划总平图；
（8）建设项目用地土地分类面积汇总表，包括"三桩"占地；
（9）建设项目用地勘测定界界址点坐标成果表；
（10）补充耕地地块边界拐点坐标表；
（11）占用基本农田的，还需提供补划基本家田地块边界拐点坐标表；
（12）地灾、压矿等评估报告及批复；
（13）涉及的其他部门（如规划、林业、文物）等审查意见或证明文件。

---

❶ "一书四方案"是指建设项目用地呈报说明书、农用地转用方案、补充耕地方案、土地征收方案和供地方案。

上述材料各地要求不尽相同，有所增减，建议在办理手续时到当地自然资源部门受理窗口当面咨询，并索取收件资料单。

2. 一般流程

基建项目不动产权登记证办理一般流程如图 2-7 所示。

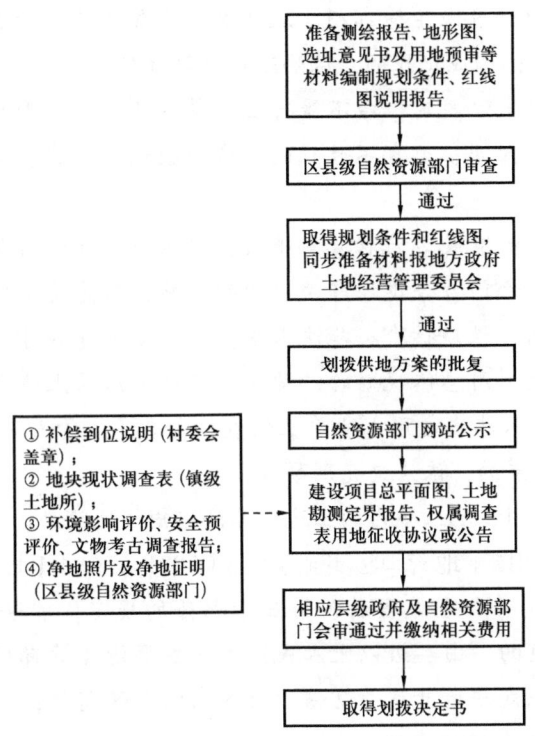

图 2-7　基建项目不动产权登记证办理一般流程示意图

根据《关于进一步改进优化能源、交通、水利等重大建设项目用地组卷报批工作的通知》（自然资发〔2024〕36 号）规定，需报国务院批准用地的国家重大项目以及省级能源、交通、水利建设等项目中，控制工期的单体工程和因工期紧或受季节影响急需动工建设的其他工程可申请办理先行用地。

四、办理周期

一般需要 12~24 个月。

五、风险提示

（1）《中华人民共和国土地管理法》（2020 年 1 月 1 日实施）。

第七十四条　买卖或者以其他形式非法转让土地的，由县级以上人民政府自然资源主管部门没收违法所得；对违反土地利用总体规划擅自将农用地改为建设用地的，限期拆除在非法转让的土地上新建的建筑物和其他设施，恢复土地原状，对符合土地利用总体规划的，没收在非法转让的土地上新建的建筑物和其他设施；可以并处罚款；对直接负责的主管人员和其他直接责任人员，依法给予处分；构成犯罪的，依法追究刑事责任。

第七十五条　违反本法规定，占用耕地建窑、建坟或者擅自在耕地上建房、挖砂、采石、采矿、取土等，破坏种植条件的，或者因开发土地造成土地荒漠化、盐渍化的，由县级以上人民政府自然资源主管部门、农业农村主管部门等按照职责责令限期改正或者治理，可以并处罚款；构成犯罪的，依法追究刑事责任。

第七十六条　违反本法规定，拒不履行土地复垦义务的，由县级以上人民政府自然资源主管部门责令限期改正；逾期不改正的，责令缴纳复垦费，专项用于土地复垦，可以处以罚款。

第七十七条　未经批准或者采取欺骗手段骗取批准，非法占用土地的，由县级以上人民政府自然资源主管部门责令退还非法占用的土地，对违反土地利用总体规划擅自将农用地改为建设用地的，限期拆除在非法占用的土地上新建的建筑物和其他设施，恢复土地原状，对符合土地利用总体规划的，没收在非法占用的土地上新建的建筑物和其他设施，可以并处罚款；对非法占用土地单位的直接负责的主管人员和其他直接责任人员，依法给予处分；构成犯罪的，依法追究刑事责任。

超过批准的数量占用土地，多占的土地以非法占用土地论处。

（2）《中华人民共和国土地管理法实施条例》（2021年9月1日实施）。

第五十一条　违反《土地管理法》第三十七条的规定，非法占用永久基本农田发展林果业或者挖塘养鱼的，由县级以上人民政府自然资源主管部门责令限期改正；逾期不改正的，按占用面积处耕地开垦费2倍以上5倍以下的罚款；破坏种植条件的，依照《土地管理法》第七十五条的规定处罚。

第五十二条　违反《土地管理法》第五十七条的规定，在临时使用的土地上修建永久性建筑物的，由县级以上人民政府自然资源主管部门责令限期拆除，按占用面积处土地复垦费5倍以上10倍以下的罚款；逾期不拆除的，由作出行政决定的机关依法申请人民法院强制执行。

第五十三条　违反《土地管理法》第六十五条的规定，对建筑物、构筑物进行重建、扩建的，由县级以上人民政府自然资源主管部门责令限期拆除；逾期不拆除的，由作出行政决定的机关依法申请人民法院强制执行。

第五十四条　依照《土地管理法》第七十四条的规定处以罚款的，罚款额为违法所得的10%以上50%以下。

第五十五条　依照《土地管理法》第七十五条的规定处以罚款的，罚款额为耕地开垦费的5倍以上10倍以下；破坏黑土地等优质耕地的，从重处罚。

第五十六条　依照《土地管理法》第七十六条的规定处以罚款的，罚款额为土地复垦费的2倍以上5倍以下。

违反本条例规定，临时用地期满之日起一年内未完成复垦或者未恢复种植条件的，由县级以上人民政府自然资源主管部门责令限期改正，依照《土地管理法》第七十六条的规定处罚，并由县级以上人民政府自然资源主管部门会同农业农村主管部门代为完成复垦或者恢复种植条件。

第五十七条　依照《土地管理法》第七十七条的规定处以罚款的，罚款额为非法占用土地每平方米100元以上1000元以下。

违反本条例规定，在国土空间规划确定的禁止开垦的范围内从事土地开发活动的，由县级以上人民政府自然资源主管部门责令限期改正，并依照《土地管理法》第七十七条的规定处罚。

第五十八条　依照《土地管理法》第七十四条、第七十七条的规定，县级以上人民政府自然资源主管部门没收在非法转让或者非法占用的土地上新建的建筑物和其他设施的，应当于九十日内交由本级人民政府或者其指定的部门依法管理和处置。

第八节　临时用地许可

根据《中华人民共和国城乡规划法》规定，管道施工作业带宽度范围内管沟开挖、管材和设备堆放、施工便道、临时堆管场、现场营地等施工所必需的临时占地，应办理临时用地手续。

一、前置条件

临时用地手续在项目开工前办理，主要前置条件包括临时使用土地合同及土地权属证明材料、勘测定界报告、土地复垦协议及复垦保证金、项目选址意见书等。不同省、直辖市及地区办理建设工程规划许可证所需提供的资料及办理流程略有不同，具体办理过程中应先到相关部门进行沟通。

二、职责

1. 建设单位

负责搜集、办理相关材料，报县级以上人民政府土地行政主管部门批准。另外，建设单位应当根据土地权属，与有关土地行政主管部门或者土地权属人签订临时使用土地合同，并按照合同的约定支付临时使用土地补偿费。

2. 自然资源主管部门

县（市）自然资源主管部门负责临时用地审批，其中涉及占用耕地和永久基本农田的，由市级或者市级以上自然资源主管部门负责审批。

三、内容及一般流程

1. 内容

油气管道施工取得临时用地的合法手续主要包括以下三方面工作：

（1）取得管道线路临时建设用地规划许可证；

（2）对土地所有权人进行临时用地的补偿；

（3）给地面附着物所有权人进行附着物迁移、拆除补偿。

办理临时用地需要的资料不同省（直辖市）略有不同，主要资料包括但不限于：

（1）申请文件；

（2）项目建设立项、批准（核准）文件；

（3）涉及的其他部门（林业、草原等）审批许可文件；

（4）矿产、环境敏感点等审批许可文件；

（5）施工图、征地图（1：500～1：2000地形图）；

（6）土地复垦方案；

（7）临时土地约定及补偿合同。

2. 一般流程

建设工程临时用地手续办理一般流程如图 2-8 所示。

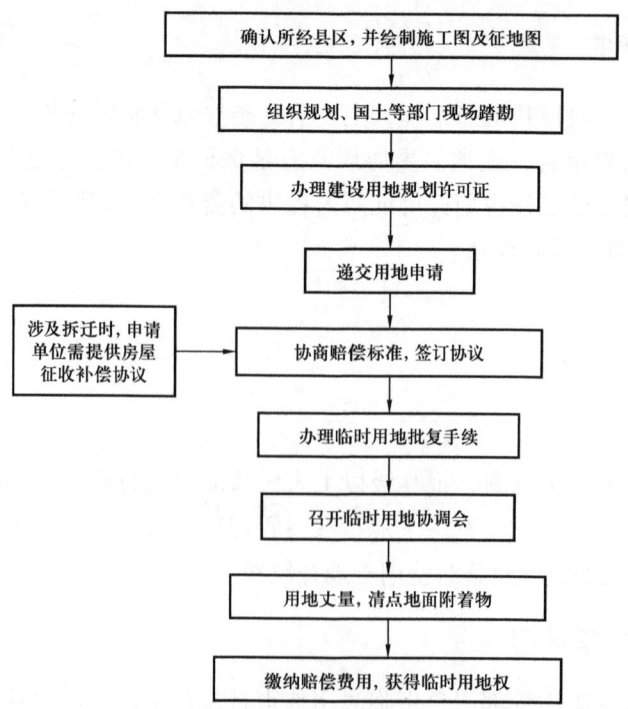

图 2-8　建设工程临时用地手续办理一般流程示意图

四、办理周期

应在建设项目核准完成及施工图设计完成后、建设项目开工建设前完成，一般需要3个月。值得注意的是，临时用地期限一般不超过2年，建设周期较长的能源、交通、水利等基础设施建设使用的临时用地，期限不超过4年。

五、风险提示

（1）《中华人民共和国城乡规划法》（2019年4月23日实施）。

第六十六条　建设单位或者个人有下列行为之一的，由所在地城市、县人民政府城乡规划主管部门责令限期拆除，可以并处临时建设工程造价一倍以下的罚款：

（一）未经批准进行临时建设的；

（二）未按照批准内容进行临时建设的；

（三）临时建筑物、构筑物超过批准期限不拆除的。

（2）《中华人民共和国土地管理法实施条例》（2021年9月1日实施）。

第五十二条　违反《土地管理法》第五十七条的规定，在临时使用的土地上修建永久性建筑物的，由县级以上人民政府自然资源主管部门责令限期拆除，按占用面积处土地复垦费5倍以上10倍以下的罚款；逾期不拆除的，由作出行政决定的机关依法申请人民法院强制执行。

第五十六条（节选）　违反本条例规定，临时用地期满之日起一年内未完成复垦或者未恢复种植条件的，由县级以上人民政府自然资源主管部门责令限期改正，依照《土地管理法》第七十六条的规定处罚，并由县级以上人民政府自然资源主管部门会同农业农村主管部门代为完成复垦或者恢复种植条件。

第九节　土地复垦

土地复垦是对生产建设活动和自然灾害损毁的土地采取整治措施，使其达到可供利用状态的活动。根据《土地复垦条例》要求，能源、交通、水利等基础设施建设和其他生产建设活动临时占用所损毁的土地，由土地复垦义务人负责复垦。

一、前置条件

土地复垦的前置条件主要包括：完成土地复垦任务、验收调查报告及相关图件、质量评估报告、检测等其他报告。

二、职责

建设单位在完成土地复垦任务后，应当组织自查，向项目所在地县级自然资源主管

部门提出验收书面申请,并提供下列材料:

(1) 验收调查报告及相关图件;

(2) 规划设计执行报告;

(3) 质量评估报告;

(4) 检测等其他报告。

三、内容及一般流程

1. 内容

(1) 负责组织验收的自然资源主管部门会同同级农业、林业、环境保护等有关部门,组织邀请有关专家和农村集体经济组织代表,依据土地复垦方案,对下列内容进行验收:

① 土地复垦计划目标与任务完成情况;

② 规划设计执行情况;

③ 复垦工程质量和耕地质量等级;

④ 土地权属管理、档案资料管理情况;

⑤ 工程管护措施。

(2) 土地复垦形成初步验收结果后,负责组织验收的自然资源主管部门在项目所在地公告,听取相关权利人的意见。公告时不少于 30 日。相关土地权利人对验收结果有异议的,可以在公告期内向负责组织验收的自然资源主管部门书面提出。

(3) 土地复垦工程经总体验收合格的,负责验收的自然资源主管部门应当出具阶段或者总体验收合格确认书。

2. 一般流程

土地复垦一般流程如图 2-9 所示。

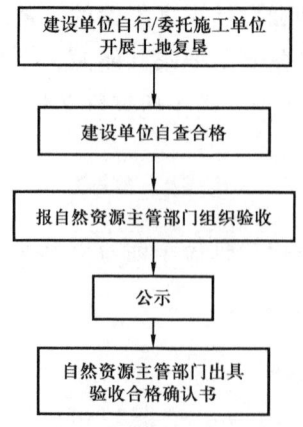

图 2-9 土地复垦一般流程示意图

四、办理周期

自现场完成土地复垦后，一般需要1~3个月。

五、风险提示

（1）《中华人民共和国土地管理法》（2020年1月1日实施）。

第七十六条 违反本法规定，拒不履行土地复垦义务的，由县级以上人民政府自然资源主管部门责令限期改正；逾期不改正的，责令缴纳复垦费，专项用于土地复垦，可以处以罚款。

（2）《土地复垦条例》（2011年3月5日实施）。

第三十八条 土地复垦义务人未按照规定将土地复垦费用列入生产成本或者建设项目总投资的，由县级以上地方人民政府国土资源主管部门责令限期改正；逾期不改正的，处10万元以上50万元以下的罚款。

第三十九条 土地复垦义务人未按照规定对拟损毁的耕地、林地、牧草地进行表土剥离，由县级以上地方人民政府国土资源主管部门责令限期改正；逾期不改正的，按照应当进行表土剥离的土地面积处每公顷1万元的罚款。

第四十条 土地复垦义务人将重金属污染物或者其他有毒有害物质用作回填或者充填材料的，由县级以上地方人民政府环境保护主管部门责令停止违法行为，限期采取治理措施，消除污染，处10万元以上50万元以下的罚款；逾期不采取治理措施的，环境保护主管部门可以指定有治理能力的单位代为治理，所需费用由违法者承担。

第四十一条 土地复垦义务人未按照规定报告土地损毁情况、土地复垦费用使用情况或者土地复垦工程实施情况的，由县级以上地方人民政府国土资源主管部门责令限期改正；逾期不改正的，处2万元以上5万元以下的罚款。

第四十二条 土地复垦义务人依照本条例规定应当缴纳土地复垦费而不缴纳的，由县级以上地方人民政府国土资源主管部门责令限期缴纳；逾期不缴纳的，处应缴纳土地复垦费1倍以上2倍以下的罚款，土地复垦义务人为矿山企业的，由颁发采矿许可证的机关吊销采矿许可证。

第四十三条 土地复垦义务人拒绝、阻碍国土资源主管部门监督检查，或者在接受监督检查时弄虚作假的，由国土资源主管部门责令改正，处2万元以上5万元以下的罚款；有关责任人员构成违反治安管理行为的，由公安机关依法予以治安管理处罚；有关责任人员构成犯罪的，依法追究刑事责任。

第十节　质量监督申报

政府质量监督机构必须建立和遵循严格的工程质量监督程序，以加大建设工程质量监督的力度，保证建设工程质量。

一、前置条件

建设单位在开工前,应当按照国家有关规定办理工程质量监督手续,工程质量监督手续可以与施工许可证或者开工报告合并办理,但需在工程项目施工招标投标工作完成后,建设单位申请领取施工许可证之前进行。

二、职责

1. 建设单位

在工程项目施工招标投标工作完成后,建设单位申请领取施工许可证之前,应携有关资料到所在地建设工程质量监督机构办理工程质量监督登记手续,填写工程质量监督登记表,并按规定交纳工程质量监督费用。建设单位应确保提交的所有资料真实、准确、齐全,以便顺利办理工程质量监督手续。

2. 建设工程质量监督机构

建设工程质量监督机构是经省级以上建设行政主管部门考核认定具有独立法人资格的事业单位。根据建设行政主管部门的委托,依法办理建设工程项目质量监督登记手续。

三、内容及一般流程

1. 内容

(1)提交申请。建设单位应携带有关资料到所在地建设工程质量监督机构办理工程质量监督登记手续,并填写工程质量监督登记表。

(2)提交必要资料。办理建设工程质量监督登记时,建设单位应向工程质量监督机构提交以下资料:

① 规划许可证;

② 施工、监理中标通知书;

③ 施工、监理合同及其单位资质证书(复印件);

④ 施工图设计文件审查意见;

⑤ 其他规定需要的文件资料。

(3)审核与发证。工程质量监督机构在收到建设单位提交的资料后,应在 7 个工作日内审核完毕。符合规定的,由监督机构发给《建筑工程质量监督书》和《工程质量监督计划》。

(4)后续手续。建设单位凭《建设工程质量监督书》,向建设行政主管部门申领施工许可证。在工程质量监督过程中，建设单位还需按照监督计划的要求，配合监督机构进行工程质量检查与验收。

2. 一般流程（图 2-10）

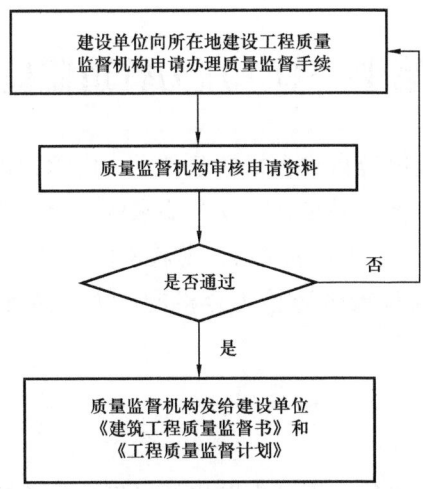

图 2-10　质量监督申报一般流程示意图

四、办理周期

建设工程质量监督机构将在 7 个工作日内完成审核，审核通过后，将发给建设单位《建筑工程质量监督书》和《工程质量监督计划》。建设单位凭此《建设工程质量监督书》方可向建设行政主管部门申领施工许可证。

五、风险提示

《建设工程质量管理条例》（2019 年 4 月 23 日实施）。

第十三条　建设单位在开工前，应当按照国家有关规定办理工程质量监督手续，工程质量监督手续可以与施工许可证或者开工报告合并办理。

第四十三条　国家实行建设工程质量监督管理制度。国务院建设行政主管部门对全国的建设工程质量实施统一监督管理。国务院铁路、交通、水利等有关部门按照国务院规定的职责分工，负责对全国的有关专业建设工程质量的监督管理。县级以上地方人民政府建设行政主管部门对本行政区域内的建设工程质量实施监督管理。县级以上地方人民政府交通、水利等有关部门在各自的职责范围内，负责对本行政区域内的专业建设工程质量的监督管理。

第四十六条　建设工程质量监督管理，可以由建设行政主管部门或者其他有关部门委托的建设工程质量监督机构具体实施。从事房屋建筑工程和市政基础设施工程质量监督的机构，必须按照国家有关规定经国务院建设行政主管部门或者省、自治区、直辖市人民政府建设行政主管部门考核；从事专业建设工程质量监督的机构，必须按照国家有关规定经国务院有关部门或者省、自治区、直辖市人民政府有关部门考核。经考核合格后，方可实施质量监督。

第十一节　压力管道监检

压力管道监检是在受检单位自检合格的基础上，由承担监检工作的检验机构，对压力管道施工过程实施的监督和满足基本安全要求的符合性验证。监检机构和受检单位应当签订监检合同，明确双方的责任和义务。监检不能代替受检单位的自检。

应当进行监检而未经监检或者监检不合格的压力管道元件和压力管道，不得投入使用。

一、前置条件

压力管道安装监督检验工作，由具有资格并经授权的检验单位承担。各级质量技术监督行政部门锅炉压力容器安全监察机构必须按照《压力管道安装安全质量监督检验规则》的要求，对压力管道安装进行安全监察，并加强对监督检验单位的监督检查。

二、职责

1. 建设单位

（1）认真贯彻执行国家有关压力管道安全质量方面的法律法规和技术规程、标准，采取措施保证压力管道安全质量符合国家有关规定和标准要求。

（2）压力管道安装开工前，填写《压力管道安装安全质量监督检验申报书》，跨省、自治区、直辖市长输管道，向国家安全监察机构办理备案手续；其他压力管道向地方安全监察机构办理备案手续。

（3）向监督检验单位提供相应的设计文件及有关资料，办理相关的监督检验手续。

2. 压力管道安装单位、监理单位

压力管道施工前，压力管道安装单位和监理单位应向安全监察机构备案。跨省、自治区、直辖市长输管道，向国家安全监察机构办理备案手续；其他压力管道向地方安全监察机构办理备案手续。

3. 安全监察机构

国家质量监督检验检疫总局和省级质量技术监督行政部门按分工范围对监督检验单

位进行资格认可。国家质量监督检验检疫总局锅炉压力容器安全监察机构，负责跨省、自治区、直辖市长输管道监督检验工作任务的授权；省级质量技术监督行政部门锅炉压力容器安全监察机构或其委托的地（市）级质量技术监督行政部门锅炉压力容器安全监察机构，负责本行政区域内压力管道监督检验工作任务的授权。

三、内容及一般流程

1. 内容

（1）申请。建设单位应当在施工前向安全监察机构提出压力管道监检申请，填写《压力管道安装安全质量监督检验申报书》。

监检机构接受监检申请后，建设单位应向监督检验单位提供相应的设计文件及有关资料。

（2）审批。安全监察机构对建设单位（或者施工单位）提交资料进行审查，通过后发放监督检验授权文件。监督检验单位在接到安全监察机构的监督检验授权文件和建设单位提交的设计文件及有关资料后，为其办理监督检验手续。

2. 一般流程（图2-11）

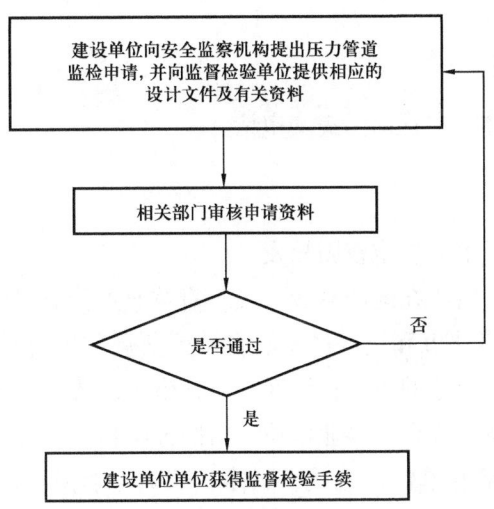

图2-11 压力管道监检手续办理一般流程示意图

四、办理周期

监督检验单位在接到安全监察机构的监督检验授权文件和建设单位提交的设计文件及有关资料后，应在15日内为其办理监督检验手续，建立相应的项目监督检验组织，指定项目监督检验负责人，并配备必要的监督检验人员。

五、风险提示

《压力管道监督检验规则》（2020 年 5 月 16 日实施）。

第 1.3 条　应当进行监检而未经监检或者监检不合格的压力管道元件和压力管道，不得投入使用。

第十二节　林木采伐许可证

为减少对工程沿线林地、林场植被的影响，管道建设项目应符合林场建设规划，办理林木采伐许可。

一、前置条件

项目前期阶段已就沿线林地、林场植被情况进行了调研，并根据林地面积大小开展了林地可行性报告或林地现状调查表编制。办理林木采伐许可的前置条件包括林地可行性报告或林地现状调查表以及林业主管部门出具的《使用林地审核同意书》。

二、职责

1. 建设单位

负责搜集材料并向林业主管部门提交申请。

2. 林业主管部门

林木采伐许可证按照下列规定权限核发。

（1）县属国有林场，由所在地的县级人民政府林业主管部门核发；

（2）省、自治区、直辖市和设区的市、自治州所属的国有林业企业事业单位、其他国有企业事业单位，由所在地的省、自治区、直辖市人民政府林业主管部门核发；

（3）重点林区的国有林业企业事业单位，由国务院林业主管部门核发。

（4）国有林业企业事业单位、机关、团体、部队、学校和其他国有企业事业单位采伐林木，由所在地县级以上林业主管部门依照有关规定审核发放采伐许可证；

（5）铁路、公路的护路林和城镇林木的更新采伐，由有关主管部门依照有关规定审核发放采伐许可证；

（6）农村集体经济组织采伐林木，由县级林业主管部门依照有关规定审核发放采伐许可证；

（7）农村居民采伐自留山和个人承包集体的林木，由县级林业主管部门或者其委托的乡、镇人民政府依照有关规定审核发放采伐许可证。

三、内容及一般流程

1. 内容

1）使用林地申请

占用林地和临时占用林地的用地单位或者个人提出使用林地申请，应当填写《使用林地申请表》，同时提供下列材料。

（1）用地单位的资质证明或者个人的身份证明。

（2）建设项目有关批准文件。包括（预）可行性研究报告批复、核准批复、备案确认文件、勘查许可证、采矿许可证、项目初步设计等批准文件；属于批次用地项目，提供经有关人民政府同意的批次用地说明书并附规划图。

（3）拟使用林地的有关材料。包括林地权属证书、林地权属证书明细表或者林地证明；属于临时占用林地的，提供用地单位与被使用林地的单位、农村集体经济组织或者个人签订的使用林地补偿协议或者其他补偿证明材料；涉及使用国有林场等国有林业企事业单位经营的国有林地，提供其所属主管部门的意见材料及用地单位与其签订的使用林地补偿协议；属于符合自然保护区、森林公园、湿地公园、风景名胜区等规划的建设项目，提供相关规划或者相关管理部门出具的符合规划的证明材料，其中，涉及自然保护区和森林公园的林地，提供其主管部门或者机构的意见材料。

（4）具有相应资质的单位编制的建设项目使用林地可行性报告或者林地现状调查表。建设项目需要使用林地的，用地单位或者个人应当向林地所在地的县级人民政府林业主管部门提出申请；跨县级行政区域的，分别向林地所在地的县级人民政府林业主管部门提出申请。

（5）占用或者征收、征用防护林林地或者特种用途林林地面积10公顷以上的，用材林、经济林、薪炭林林地及其采伐迹地面积35公顷以上的，其他林地面积70公顷以上的，由国务院林业主管部门审核；占用或者征收、征用林地面积低于上述规定数量的，由省、自治区、直辖市人民政府林业主管部门审核。占用或者征收、征用重点林区的林地的，由国务院林业主管部门审核。

2）采伐林木申请

用地单位需要采伐已经批准占用或者征收、征用的林地上的林木时，应当向林地所在地的县级以上地方人民政府林业主管部门或者国务院林业主管部门申请林木采伐许可证。主要材料如下：

（1）采伐林木申请书；

（2）林木权属证明材料；

（3）伐区调查设计材料；

（4）其他材料（涉及自然保护区、征占用林地、森林防火及病虫害防治、公共安全等特殊情况采伐的相关材料）。

2. 一般流程

《使用林地审核同意书》办理一般流程如图2-12所示。

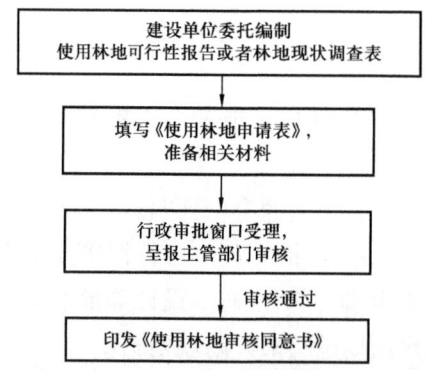

图2-12 《使用林地审核同意书》办理一般流程示意图

四、办理周期

一般需要3~6个月。

五、风险提示

（1）《中华人民共和国森林法》（2020年7月1日实施）。

第七十三条 违反本法规定，未经县级以上人民政府林业主管部门审核同意，擅自改变林地用途的，由县级以上人民政府林业主管部门责令限期恢复植被和林业生产条件，可以处恢复植被和林业生产条件所需费用三倍以下的罚款。

虽经县级以上人民政府林业主管部门审核同意，但未办理建设用地审批手续擅自占用林地的，依照《中华人民共和国土地管理法》的有关规定处罚。

在临时使用的林地上修建永久性建筑物，或者临时使用林地期满后一年内未恢复植被或者林业生产条件的，依照本条第一款规定处罚。

第七十七条 违反本法规定，伪造、变造、买卖、租借采伐许可证的，由县级以上人民政府林业主管部门没收证件和违法所得，并处违法所得一倍以上三倍以下的罚款；没有违法所得的，可以处二万元以下的罚款。

（2）《中华人民共和国森林法实施条例》（2018年3月19日实施）。

第四十一条（节选） 违反森林法和本条例规定，擅自开垦林地，致使森林、林木受到毁坏的，依照森林法第四十四条的规定予以处罚；对森林、林木未造成毁坏或者被开垦的林地上没有森林、林木的，由县级以上人民政府林业主管部门责令停止违法行为，限期恢复原状，可以处非法开垦林地每平方米10元以下的罚款。

第四十三条 未经县级以上人民政府林业主管部门审核同意，擅自改变林地用途的，由县级以上人民政府林业主管部门责令限期恢复原状，并处非法改变用途林地每平方米10元至30元的罚款。

临时占用林地，逾期不归还的，依照前款规定处罚。

第十三节　通过军事管理区许可

为符合军事管理区相关法律法规，减少对军事管理区影响，管道线路工程通过军事管理区时应取得军事管理区主管部门的许可。

一、前置条件

设计图纸及施工方案。

二、职责

建设单位必须持有关申请文件向军事管理区主管部门提出申请，由军事管理区主管部门书面批准。

三、内容及一般流程

1. 内容

需提前准备如下材料：
（1）通过军事管理区申请文件；
（2）经审核合格的线路工程施工图纸及说明等相关资料。

2. 一般流程

通过军事管理区许可办理一般流程如图2-13所示。

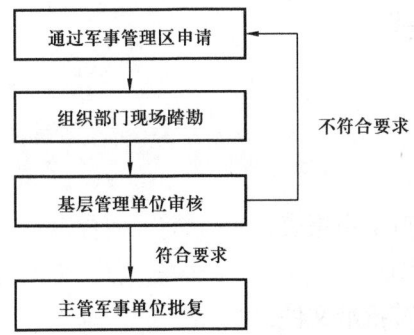

图2-13　通过军事管理区许可办理一般流程示意图

四、办理周期

从准备资料到取得批准一般需要 2～4 个月。

五、风险提示

《中华人民共和国军事设施保护法》（2021 年 8 月 1 日实施）。

第五十五条　违反本法第二十八条第一款规定，在作战工程安全保护范围内开山采石、采矿、爆破的，由自然资源、生态环境等主管部门以及公安机关责令停止违法行为，没收采出的产品和违法所得；修筑建筑物、构筑物、道路或者进行农田水利基本建设影响作战工程安全和使用效能的，由自然资源、生态环境、交通运输、农业农村、住房和城乡建设等主管部门给予警告，责令限期改正。

第十四节　通过环境敏感区许可

为使建设项目的选址（选线）、布局和规模，符合生态保护红线的规定，符合环境质量改善目标和依法开展的相关规划及规划环境影响评价总体要求，同时，为保证建设项目遵守污染物排放的国家标准和地方标准，按照排污许可证排放污染物，管道建设项目必须编制环评影响评价报告，办理通过环境敏感区许可。

一、前置条件

建设项目环境影响评价报告及批复。

二、职责

建设单位必须持有关申请文件和建设项目环境影响评价报告批复向地方生态环境部门报批。

三、内容及一般流程

1. 内容

需提前准备如下材料：
（1）建设项目环境影响审批申报表；
（2）项目线路走向示意图；
（3）项目施工图资料及其批准文件；
（4）规划相符性证明（初步设计规划批复及初步设计文件）。

2. 一般流程

一般流程：受理→现场勘察→登记表审查→决定→核发批准。

通过环境敏感区许可办理一般流程如图 2-14 所示。

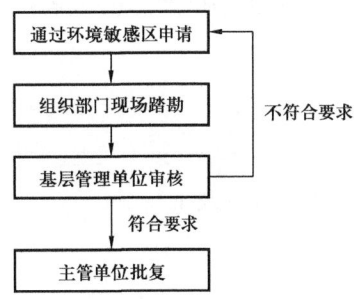

图 2-14　通过环境敏感区许可办理一般流程示意图

四、办理周期

从提交申报表到取得批准一般需要 2~4 个月。

五、风险提示

《建设项目环境保护管理条例》（2017 年 10 月 1 日实施）。

第二十二条　违反本条例规定，建设单位编制建设项目初步设计未落实防治环境污染和生态破坏的措施以及环境保护设施投资概算，未将环境保护设施建设纳入施工合同，或者未依法开展环境影响后评价的，由建设项目所在地县级以上环境保护行政主管部门责令限期改正，处 5 万元以上 20 万元以下的罚款；逾期不改正的，处 20 万元以上 100 万元以下的罚款。

违反本条例规定，建设单位在项目建设过程中未同时组织实施环境影响报告书、环境影响报告表及其审批部门审批决定中提出的环境保护对策措施的，由建设项目所在地县级以上环境保护行政主管部门责令限期改正，处 20 万元以上 100 万元以下的罚款；逾期不改正的，责令停止建设。

第二十三条　违反本条例规定，需要配套建设的环境保护设施未建成、未经验收或者验收不合格，建设项目即投入生产或者使用，或者在环境保护设施验收中弄虚作假的，由县级以上环境保护行政主管部门责令限期改正，处 20 万元以上 100 万元以下的罚款；逾期不改正的，处 100 万元以上 200 万元以下的罚款；对直接负责的主管人员和其他责任人员，处 5 万元以上 20 万元以下的罚款；造成重大环境污染或者生态破坏的，责令停止生产或者使用，或者报经有批准权的人民政府批准，责令关闭。

违反本条例规定，建设单位未依法向社会公开环境保护设施验收报告的，由县级以上环境保护行政主管部门责令公开，处 5 万元以上 20 万元以下的罚款，并予以公告。

第十五节　通过矿产区许可

为减少对石油、天然气、煤、金属等矿产区的影响，管道建设项目通过矿产区需办理相关许可文件。

一、前置条件

建设项目压覆矿产资源调查评估报告及批复。

二、职责

建设单位必须持建设项目压覆矿产资源调查评估报告批复及有关申请文件，向地方自然资源主管部门报批。

三、内容及一般流程

1. 内容

有关材料经建设项目所在省（区、市）自然资源行政主管部门初步审查同意后，将以下材料（纸质和电子版各 1 套）报自然资源部：
（1）关于×××压覆重要矿产资源的申请函；
（2）关于×××压覆重要矿产资源的评估报告及评审意见书；
（3）省级自然资源主管部门出具的《关于对×××压覆重要矿产资源初步审查意见》；
（4）自然资源主管部门要求提交的其他有关资料。

建设项目压覆已设置矿业权矿产资源的，新的土地使用权人还应同时与矿业权人签订协议，协议应包括矿业权人同意放弃被压覆矿区范围及相关补偿内容。补偿的范围原则上应包括：

矿业权人被压覆资源储量在当前市场条件下所应缴的价款（无偿取得的除外）；

所压覆的矿产资源分担的勘察投资、已建的开采设施投入和搬迁相应设施等直接损失。

2. 一般流程

通过矿区许可办理一般流程如图 2-15 所示。

四、办理周期

从取得建设项目压覆矿产资源调查评估报告及批复到拿到通过矿产区许可，一般需要 2~5 个月。

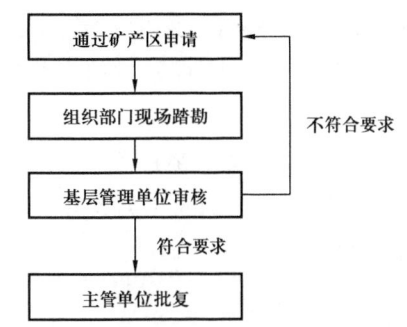

图 2-15　通过矿区许可办理一般流程示意图

五、风险提示

《中华人民共和国矿产资源法》(2025 年 7 月 1 日实施)。

第三十三条　在建设铁路、工厂、水库、输油管道、输电线路和各种大型建筑物或者建筑群之前,建设单位必须向所在省、自治区、直辖市地质矿产主管部门了解拟建工程所在地区的矿产资源分布和开采情况。非经国务院授权的部门批准,不得压覆重要矿床。

第十六节　通过文物保护范围和建设控制地带区许可

为减少对线路工程沿线地下文物、遗址等内容的影响,管道建设项目需办理文物部门同意开工建设方案的批复文件。

一、前置条件

建设项目地下文物专项调研报告及批复。

二、职责

建设单位必须持地下文物专项调研报告批复及有关申请文件,向地方文物主管部门报批。

三、内容及一般流程

1. 内容

办理文物部门同意开工建设方案批复文件所需的材料包括以下几项。

(1)委托具有资质的单位完成的文物影响评估报告、管道工程沿线文物调查工作报告、管道工程沿线文物考古勘探工作报告、保护方案、考古发掘计划、考古发掘申请书、考古发掘工作报告。涉及的报告并非所有通过的文物区均需要，视具体穿越文物而定。

（2）建设单位提交的申请报告（需加盖公章）。

（3）自然资源部门批复的征占用土地范围的相关意见。

（4）建设工程的规划设计方案。

（5）项目立项批复。

2. 一般流程

文物主管部门同意开工建设办理一般流程如图 2-16 所示。

四、办理周期

从申请到准予施工一般需要 1~3 个月。

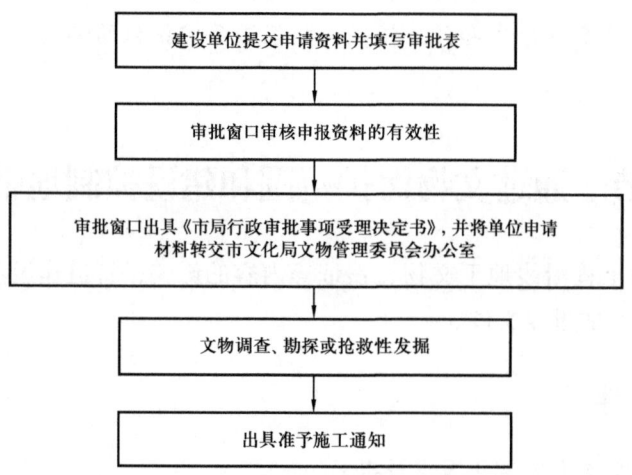

图 2-16　文物主管部门同意开工建设办理一般流程示意图

五、风险提示

《中华人民共和国文物保护法》（2025 年 3 月 1 日实施）。

第六十六条　有下列行为之一，尚不构成犯罪的，由县级以上人民政府文物主管部门责令改正，造成严重后果的，处五万元以上五十万元以下的罚款；情节严重的，由原发证机关吊销资质证书：

（一）擅自在文物保护单位的保护范围内进行建设工程或者爆破、钻探、挖掘等作业的；

（二）在文物保护单位的建设控制地带内进行建设工程，其工程设计方案未经文物行政部门同意、报城乡建设规划部门批准，对文物保护单位的历史风貌造成破坏的；

（三）擅自迁移、拆除不可移动文物的；

（四）擅自修缮不可移动文物，明显改变文物原状的；

（五）擅自在原址重建已全部毁坏的不可移动文物，造成文物破坏的；

（六）施工单位未取得文物保护工程资质证书，擅自从事文物修缮、迁移、重建的。

刻划、涂污或者损坏文物尚不严重的，或者损毁依照本法第十五条第一款规定设立的文物保护单位标志的，由公安机关或者文物所在单位给予警告，可以并处罚款。

第十七节　通过草原/草场许可

为减少线路工程对沿线草原、草场规划及植被的影响，对受到管道建设过程影响的牧民及其他第三人权益进行补偿，管道建设项目通过草原、草场需取得主管行政部门同意建设的许可文件。

一、前置条件

临时占用草原审批同意书。

二、职责

建设单位必须持地下文物专项调研报告批复及有关申请文件，向地方文物主管部门报批。

三、内容及一般流程

1. 内容

建设项目征占用草原一般需要提供如下材料：

（1）《草原征占用申请表》；

（2）县级预审意见、地州林业和草原行政主管部门对申请资料的审查意见；

（3）项目批准文件；

（4）生态环境部门对项目建设环境影响报告书的批复；

（5）与草原所有者、使用权者或承包经营户签订的草原补偿费和安置补助费等补偿协议；

（6）草原权属证明材料；

（7）申请单位的对建设项目的说明；

（8）依据省级价格主管部门的财政部门确定的草原植被恢复费征收标准，向省级草原行政主管部门预缴草原植被恢复费凭证（70公顷以上报农业部审批）；

（9）拟征占用草原的区域坐标图；

（10）征收、征用和使用草原的申请单位法人证明或个人身份证明文件；

（11）被申请、使用草原的摄像或照片和地上建筑、基础设施建设的视听资料，作为《草原征占用现场查验表》的附属材料。

2. 一般流程

通过草原/草场许可办理一般流程如图2-17所示。

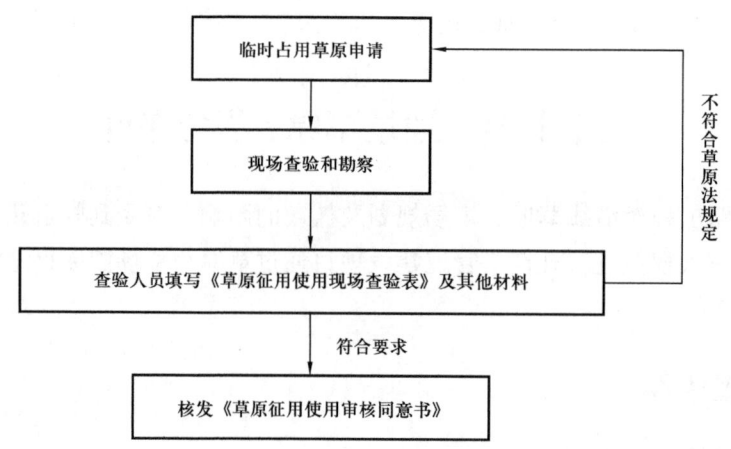

图2-17　通过草原/草场许可办理一般流程示意图

四、办理周期

从临时占用草原申请到获得《草原征用使用审核同意书》一般需要2～3个月。

五、风险提示

（1）《中华人民共和国草原法》（2021年4月29日实施）。

第六十五条　未经批准或者采取欺骗手段骗取批准，非法使用草原，构成犯罪的，依法追究刑事责任；尚不够刑事处罚的，由县级以上人民政府草原行政主管部门依据职权责令退还非法使用的草原，对违反草原保护、建设、利用规划擅自将草原改为建设用地的，限期拆除在非法使用的草原上新建的建筑物和其他设施，恢复草原植被，并处草原被非法使用前三年平均产值六倍以上十二倍以下的罚款。

第七十一条　在临时占用的草原上修建永久性建筑物、构筑物的，由县级以上地方人民政府草原行政主管部门依据职权责令限期拆除；逾期不拆除的，依法强制拆除，所需费用由违法者承担。

临时占用草原，占用期届满，用地单位不予恢复草原植被的，由县级以上地方人民政府草原行政主管部门依据职权责令限期恢复；逾期不恢复的，由县级以上地方人民政府草原行政主管部门代为恢复，所需费用由违法者承担。

（2）《草原征占用审核审批管理规范》（2020年7月31日实施）。

第十九条　违反本规范规定，有下列情形之一的，依照《中华人民共和国草原法》的有关规定查处，构成犯罪的，依法追究刑事责任：

（一）无权批准征收、征用或者使用草原的单位或者个人非法批准征收、征用或者使用草原的；

（二）超越批准权限非法批准征收、征用或者使用草原的；

（三）违反规定程序批准征收、征用或者使用草原的；

（四）未经批准或者采取欺骗手段骗取批准，非法使用草原的；

（五）在临时占用的草原上修建永久性建筑物、构筑物的；

（六）临时占用草原，占用期届满，用地单位不予恢复草原植被的；

（七）其他违反法律法规规定征占用草原的。

第十八节　房屋征收补偿协议

为维护管道工程沿线所经地区社会稳定性，需对受到管道建设过程影响的拆迁户及其他第三人的权益进行补偿，同时需对不满足管道保护法距离要求的建构筑物进行拆除、补偿，做到管道零占压。

一、前置条件

主要包括建设项目立项批准文件、建设用地规划许可证、社会稳定风险评估报告及批复。

二、职责

1. 建设单位

向房屋征收部门提出申请，由当地人民政府协助。

2. 人民政府（房屋征收部门）

（1）市、县级人民政府负责本行政区域的房屋征收与补偿工作。

（2）市、县级人民政府确定的房屋征收部门组织实施本行政区域的房屋征收与补偿工作。市、县级人民政府有关部门应当依照职责分工，互相配合，保障房屋征收与补偿工作的顺利进行。

（3）房屋征收部门可以委托房屋征收实施单位，承担房屋征收与补偿的具体工作。房屋征收部门对房屋征收实施单位在委托范围内实施的房屋征收与补偿行为负责监督，并对其行为后果承担法律责任。

三、内容及一般流程

1. 内容

根据《国有土地上房屋征收与补偿条例》规定,申请房屋征收补偿协议需向市、县级人民政府提供包括但不限于以下资料:

(1) 申请表;

(2) 立项批准(核准);

(3) 征收补偿方案;

(4) 社会稳定风险评估。

征收补偿费用应当足额到位、专户存储、专款专用。对房屋征收范围内房屋的权属、区位、用途、建筑面积等情况组织调查登记,被征收人应当予以配合。

2. 一般流程

房屋征收补偿协议办理一般流程如图 2-18 所示。

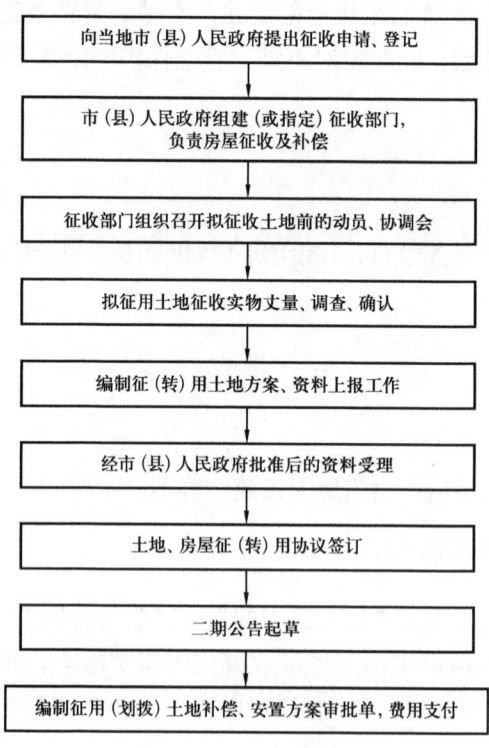

图 2-18 房屋征收补偿协议办理一般流程示意图

四、办理周期

从申请到批准一般需要 3～6 个月。

五、风险提示

《国有土地上房屋征收与补偿条例》（2011年1月21日实施）。

第三十一条　采取暴力、威胁或者违反规定中断供水、供热、供气、供电和道路通行等非法方式迫使被征收人搬迁，造成损失的，依法承担赔偿责任；对直接负责的主管人员和其他直接责任人员，构成犯罪的，依法追究刑事责任；尚不构成犯罪的，依法给予处分；构成违反治安管理行为的，依法给予治安管理处罚。

第三十三条　贪污、挪用、私分、截留、拖欠征收补偿费用的，责令改正，追回有关款项，限期退还违法所得，对有关责任单位通报批评、给予警告；造成损失的，依法承担赔偿责任；对直接负责的主管人员和其他直接责任人员，构成犯罪的，依法追究刑事责任；尚不构成犯罪的，依法给予处分。

第十九节　水域穿越许可

为减少过河工程对堤防安全、河势稳定、行洪畅通的影响，使工程符合防洪标准、岸线规划、航运要求和其他技术要求，管道建设项目需办理水域穿越许可。

一、前置条件

视项目穿越的水域（及设施）具体情况而定，主要包括防洪（洪水）影响评价报告及批复、航道通航条件影响评价报告及批复等。

二、职责

建设单位持防洪影响评价报告及批复、航道通航条件影响评价报告及批复和其他申请文件向当地水务和航道部门提出申请，取得水域穿越许可。

三、内容及一般流程

1. 内容

（1）穿越河道、河床等河道管理范围的建设工程，应当提供的材料或满足的条件如下。

① 按照设计图纸说明整理出河流穿越汇总表（包括单出图）；

② 根据汇总表和每条河的设计桩号到现场核实具体位置（包括补遗），标明每条河的行政区域，即镇、村位置；

③ 申请表（函）及建设单位证明材料；

④ 穿越施工图设计文件及施工方案；

⑤ 防洪（洪水）影响评价及批复；

⑥ 防护、补偿等专项设计文件及批复［部分河流（如黄河）、省（如河北省）需要］；

⑦ 项目立项批复文件及权属单位前期出具的意向批复文件。

（2）穿越航道的建设工程，应提供以下材料。

① 项目批准文件；

② 施工图设计中涉及航道、通航内容的资料；

③ 航道平面简图。

（3）水上水下作业或者活动许可，应当符合的条件和报送的材料如下。

在管辖水域内从事需经许可的水上水下作业或者活动，应当符合下列条件：

① 水上水下作业或者活动的单位、人员、船舶、海上设施或者内河浮动设施符合安全航行、停泊和作业的要求；

② 已制定水上水下作业或者活动方案；

③ 有符合水上交通安全和防治船舶污染水域环境要求的保障措施、应急预案和责任制度。

在管辖水域内从事需经许可的水上水下作业或者活动，建设单位、主办单位或者施工单位应当向作业地或者活动地的海事管理机构提出申请并报送下列材料：

① 申请书；

② 申请人、经办人相关证明材料；

③ 作业或者活动方案，包括基本概况、进度安排、施工作业图纸、活动方式，可能影响的水域范围，参与的船舶、海上设施或者内河浮动设施及其人员等，法律、行政法规规定需经其他有关部门许可的，还应当包括与作业或者活动有关的许可信息；

④ 作业或者活动保障措施方案、应急预案和责任制度文本。

2. 一般流程

水域穿越许可办理一般流程如图 2-19 所示。

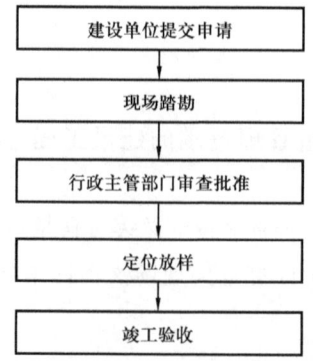

图 2-19　水域穿越许可办理一般流程示意图

（1）报送书面申请。

（2）现场勘察，根据建设单位提供的申请报告和图纸，主管部门人员查看现场情况。

（3）审查批准，主管部门根据图纸及现场勘察情况，对施工方案（如有）进行审查。

（4）定位放样，经审查批准的设施，建设单位必须按照审批的内容进行放样，经主管部门认可后，方可施工。

（5）竣工验收，批准建设的设施完工后，必须报请主管部门进行验收合格后方可投入使用。同时将有关审批资料整理、归档。

四、办理周期

从提出书面申请到获得批准一般需要 1~4 个月。

五、风险提示

（1）《中华人民共和国防洪法》（2016 年 7 月 2 日实施）。

第五十七条 违反本法第二十七条规定，未经水行政主管部门对其工程建设方案审查同意或者未按照有关水行政主管部门审查批准的位置、界限，在河道、湖泊管理范围内从事工程设施建设活动的，责令停止违法行为，补办审查同意或者审查批准手续；工程设施建设严重影响防洪的，责令限期拆除，逾期不拆除的，强行拆除，所需费用由建设单位承担；影响行洪但尚可采取补救措施的，责令限期采取补救措施，可以处一万元以上十万元以下的罚款。

（2）《中华人民共和国航道法》（2016 年 9 月 1 日实施）。

第三十九条 建设单位未依法报送航道通航条件影响评价材料而开工建设的，由有审核权的交通运输主管部门或者航道管理机构责令停止建设，限期补办手续，处三万元以下的罚款；逾期不补办手续继续建设的，由有审核权的交通运输主管部门或者航道管理机构责令恢复原状，处二十万元以上五十万元以下的罚款。

报送的航道通航条件影响评价材料未通过审核，建设单位开工建设的，由有审核权的交通运输主管部门或者航道管理机构责令停止建设、恢复原状，处二十万元以上五十万元以下的罚款。

违反航道通航条件影响评价的规定建成的项目导致航道通航条件严重下降的，由前两款规定的交通运输主管部门或者航道管理机构责令限期采取补救措施或者拆除；逾期未采取补救措施或者拆除的，由交通运输主管部门或者航道管理机构代为采取补救措施或者依法组织拆除，所需费用由建设单位承担。

（3）《中华人民共和国水上水下作业和活动通航安全管理规定》（2021 年 9 月 1 日实施）。

第二十八条 有下列情形之一的，海事管理机构应当责令建设单位、主办单位或者施工单位立即停止作业或者活动，并采取安全防范措施：

（一）因恶劣自然条件严重影响作业或者活动及通航安全的；

（二）作业或者活动水域内发生水上交通事故或者存在严重危害水上交通安全隐患，危及周围人命、财产安全的。

第二十九条　有下列情形之一的，海事管理机构应当责令改正；拒不改正的，应当责令其停止作业或者活动：

（一）建设单位、主办单位或者施工单位未落实安全生产主体责任的；

（二）未按照规定设置相关的安全警示标志、配备必要的安全设施或者警戒船的；

（三）未经许可擅自更换或者增加作业或者活动船舶、海上设施或者内河浮动设施的；

（四）未按照规定采取通航安全保障措施进行水上水下作业或者活动的；

（五）雇佣不符合安全标准的船舶、海上设施或者内河浮动设施进行水上水下作业或者活动的。

第三十条　违反本规定，隐瞒有关情况或者提供虚假材料，以欺骗或者其他不正当手段取得许可证的，由海事管理机构撤销其水上水下作业或者活动许可，收回其许可证，处5000元以上3万元以下的罚款。

第三十一条　在管辖海域内有下列情形之一的，海事管理机构应当责令改正，对违法船舶、海上设施的所有人、经营人或者管理人处3万元以上30万元以下的罚款，对船长、责任船员处3000元以上3万元以下的罚款，或者暂扣船员适任证书6个月至12个月；情节严重的，吊销船长、责任船员的船员适任证书。

（一）船舶、海上设施未取得许可证或者使用涂改、非法受让的许可证从事施工作业的；

（二）未按照许可明确的作业方案、保障措施、应急预案和责任制度相关要求开展施工作业的；

（三）超出核定的安全作业区进行施工作业的。

从事可能影响海上交通安全的水上水下活动，未按规定提前报告海事管理机构的，由海事管理机构对违法船舶、海上设施的所有人、经营人或者管理人处1万元以上3万元以下的罚款，对船长、责任船员处2000元以上2万元以下的罚款。

第三十二条　在内河通航水域或者岸线上进行水上水下作业或者活动，有下列情形之一的，海事管理机构应当责令立即停止作业或者活动，责令限期改正，处5000元以上5万元以下的罚款：

（一）未取得许可证擅自进行水上水下作业或者活动的；

（二）使用涂改或者非法受让的许可证进行水上水下作业或者活动的；

（三）未按照本规定报备水上水下作业的；

（四）擅自扩大作业或者活动水域范围的。

第三十三条　有下列情形之一的，海事管理机构应当责令停止作业或者活动，可以处 2000 元以下的罚款：

（一）未按有关规定申请发布航行警告、航行通告即行实施水上水下作业或者活动的；

（二）水上水下作业或者活动与航行警告、航行通告中公告的内容不符的。

第三十四条　未按照本规定取得许可证，擅自构筑、设置的水上水下构筑物或者设施，船舶不得进行靠泊作业。影响通航环境的，应当责令构筑、设置者限期搬迁或者拆除，搬迁或者拆除的有关费用由构筑、设置者承担。

第三十五条　违反本规定，建设单位、主办单位或者施工单位在管辖海域内未对有碍航行和作业安全的隐患采取设置标志、显示信号等措施的，海事管理机构应当责令改正，处 2 万元以上 20 万元以下的罚款。

建设单位、主办单位或者施工单位在内河通航水域或者岸线水上水下作业或者活动，未按照规定采取设置标志、显示信号等措施的，海事管理机构应当责令改正，处 5000 元以上 5 万元以下的罚款。

第三十六条　海事管理机构工作人员不按法定的条件进行海事行政许可或者不依法履行职责进行监督检查，有滥用职权、徇私舞弊、玩忽职守等行为的，由其所在机构或上级机构依法处理；构成犯罪的，由司法机关依法追究刑事责任。

第二十节　公路穿越许可

为减少穿路工程对公路的影响，同时符合相关技术要求，管道建设项目穿越公路前应办理穿越许可。

一、前置条件

管道工程穿越公路设计和施工方案，以及质量安全技术评价。

二、职责

建设单位持穿越公路方案及批复和其他申请文件向公路管理部门提出报批，取得施工许可。

三、内容及一般流程

1. 内容

1）交通路政部门

（1）按照设计图区域说明整理出公路穿越汇总表（包括单出图）；

（2）根据汇总表和每条公路设计桩号，到现场核实具体行政区域位置（包括补遗），并初步落实公路名称，标明每条公路穿越点在公路里程位置；

（3）申请表（函）及建设单位证明材料；

（4）穿越施工图设计文件及施工组织方案；

（5）项目施工应急预案；

（6）防护、补偿等专项设计文件及批复（部分省需要）；

（7）项目立项批复文件及权属单位前期出具的意向批复文件；

（8）第三方具有资质的单位出具的公路安全技术评价报告（部分省市需要），项目立项批复文件及权属单位前期出具的意向批复文件。

2）公安交警部门

（1）施工路段现场管理责任人和现场执勤人员名单；

（2）施工期限；

（3）施工路段交通安全措施：交通标志、安全设施、施工路段交通安全控制图、材料堆放、机械停放的场地位置及占用道路的情况；

（4）交通分流的，提供分流线路名称及公路概况资料。

2. 一般流程

公路穿越许可办理一般流程如图 2-20 所示。

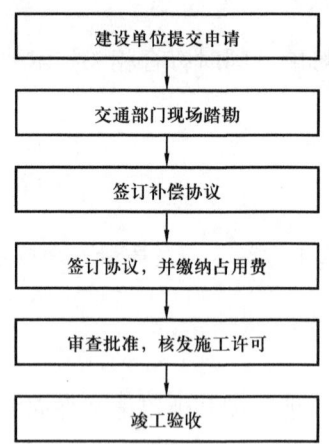

图 2-20 公路穿越许可办理一般流程示意图

1）报送申请

对于高速公路、国道、省道需按穿越汇总表，由建设单位向相应公路的运营单位提出书面申请。对县级以下的公路按照每条公路的行政区域分别向其主管单位提出书面申请。

2）现场踏勘

公路权属交通部门派代表与建设单位、承包商施工单位技术人员现场具体落实每条公路的等级（村道、镇道、县道、省道、国道、高速公路），确定可行性施工方案，并标明每条公路穿越施工的审批单位。

3）签订补偿（安全）协议

根据有关道路赔偿文件，收取一定的占道施工费和开挖道路恢复费（有上级免费文件也可免交），并要求施工单位与之签订道路恢复安全保证协议。

4）审查批准

（1）镇交管站权限内（村道、镇道）的公路穿越，由镇交管站根据镇乡村道路发展规划的要求，按照现场与施工单位商定的施工方案，核发施工许可文件。

（2）镇交管站根据施工单位工期要求在电视、广播上提前3~5天发出断路禁行通告，并在断路处设立禁路标志牌。

（3）竣工验收。

镇交管站根据施工单位与之签订的道路恢复安全保证协议进行竣工验收。

四、办理周期

从报送书面申请到获得批准一般需要2~6个月。

五、风险提示

《公路安全保护条例》（2011年7月1日实施）。

第五十六条 违反本条例的规定，有下列情形之一的，由公路管理机构责令限期拆除，可以处5万元以下的罚款。逾期不拆除的，由公路管理机构拆除，有关费用由违法行为人承担：

（一）在公路建筑控制区内修建、扩建建筑物、地面构筑物或者未经许可埋设管道、电缆等设施的；

（二）在公路建筑控制区外修建的建筑物、地面构筑物以及其他设施遮挡公路标志或者妨碍安全视距的。

第六十二条 违反本条例的规定，未经许可进行本条例第二十七条第一项至第五项规定的涉路施工活动的，由公路管理机构责令改正，可以处3万元以下的罚款；未经许可进行本条例第二十七条第六项规定的涉路施工活动的，由公路管理机构责令改正，处5万元以下的罚款。

第二十一节 铁路穿越许可

为减少穿路工程对铁路的影响，同时符合相关技术要求，管道建设项目穿越铁路前需办理通过铁路许可文件。

一、前置条件

管道工程穿越铁路方案和安全评价。

二、职责

建设单位持穿越铁路方案及批复和其他申请文件向铁路管理部门提出报批,取得通过铁路许可。

三、内容及一般流程

1. 内容

(1)按照设计图纸、说明整理出铁路穿越汇总表;
(2)根据汇总表和设计桩号,现场核实具体位置,标明每条铁路名称和穿越点铁路里程,并画出示意图;
(3)项目立项批准文件;
(4)管道施工图纸;
(5)有铁路资质单位完成的施工设计方案(需委托)及对施工图及施工设计方案的审查意见;
(6)项目立项批复文件。

2. 一般流程

(1)提交申请;
(2)权属铁路局派人现场勘察、论证穿越施工方案;
(3)权属铁路局审查穿越施工队伍资质和施工能力,或者直接指定施工队伍(铁路部门一般用自己的施工队伍);
(4)铁路局收取建设单位一定的占用铁路路产施工费,签订补充协议;
(5)与铁路局要求穿越分包商签订安全责任书,并缴纳一定的安全保证金;
(6)向权属铁路局书面申请铁路穿越施工列车慢行点时间段;
(7)取得权属铁路局核发的施工许可批文后方可施工;
(8)施工完成,竣工验收。
铁路穿越许可手续办理一般流程如图2-21所示。

四、办理周期

从报送书面申请到获得批准一般需要3~6个月。

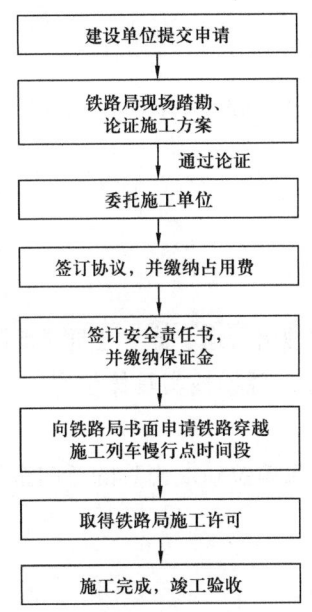

图 2-21 铁路穿越许可手续办理一般流程示意图

五、风险提示

《铁路安全管理条例》(2014 年 1 月 1 日实施)。

第八十九条 未经铁路运输企业同意或者未签订安全协议,在铁路线路安全保护区内建造建筑物、构筑物等设施,取土、挖砂、挖沟、采空作业或者堆放、悬挂物品,或者违反保证铁路安全的国家标准、行业标准和施工安全规范,影响铁路运输安全的,由铁路监督管理机构责令改正,可以处 10 万元以下的罚款。

第九十条 在铁路线路安全保护区及其邻近区域建造或者设置的建筑物、构筑物、设备等进入国家规定的铁路建筑限界,或者在铁路线路两侧建造、设立生产、加工、储存或者销售易燃、易爆或者放射性物品等危险物品的场所、仓库不符合国家标准、行业标准规定的安全防护距离的,由铁路监督管理机构责令改正,对单位处 5 万元以上 20 万元以下的罚款,对个人处 1 万元以上 5 万元以下的罚款。

第二十二节 穿越地下管道、电/光缆等许可

为减少穿路工程对地下管道、电/光缆等的影响,同时符合相关技术要求,管道建设项目穿越地下管道、电/光缆需办理许可文件。

一、前置条件

管道工程穿越地下管道、电/光缆设计和施工方案,以及质量安全技术评价。

二、职责

建设单位持穿越地下管道、电/光缆方案向相关管理部门提出报批。

三、内容及一般流程

1. 内容

（1）按照设计图纸、说明整理出管道、光/电缆穿越汇总表；
（2）根据汇总表和设计桩号，现场核实具体位置（包括补遗），标明每条管道、光/电缆名称、所属单位；
（3）项目立项批准文件及权属单位前期出具的意向批复文件；
（4）穿越施工方案；
（5）施工应急预案。

2. 一般流程

穿越地下管道、电/光缆等许可办理一般流程如图2-22所示。

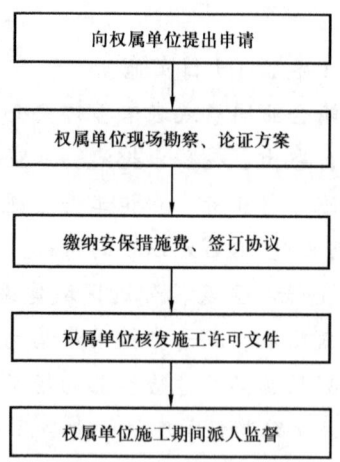

图 2-22 穿越地下管道、电/光缆等许可办理一般流程示意图

四、办理周期

取得地下管道、光/电缆穿越手续一般需要2～4个月。

五、风险提示

（1）《中华人民共和国石油天然气管道保护法》（2010年10月1日实施）。
第五十三条 未经依法批准，进行本法第三十三条第二款或者第三十五条规定的施工作业的，由县级以上地方人民政府主管管道保护工作的部门责令停止违法行为；情节较重的，处一万元以上五万元以下的罚款；对违法修建的危害管道安全的建筑物、构筑物或者其他设施限期拆除；逾期未拆除的，由县级以上地方人民政府主管管道保护工作的部门组织拆除，所需费用由违法行为人承担。

（2）《电力设施保护条例》（2011年1月8日实施）。

第二十六条　违反本条例规定，未经批准或未采取安全措施，在电力设施周围或在依法划定的电力设施保护区内进行爆破或其他作业，危及电力设施安全的，由电力管理部门责令停止作业、恢复原状并赔偿损失。

第二十三节　爆破许可

在城市、风景名胜区和重要工程设施附近实施爆破作业的，应经爆破作业所在地设区的市级公安机关批准后方可实施。

一、前置条件

需经公安机关审批的爆破作业项目，提交申请前，应由符合《爆破作业项目管理要求》（GA 991—2012）的具有相应资质的爆破作业单位进行安全评估。

安全评估应包括下列主要内容：
（1）爆破作业单位的资质是否符合规定；
（2）爆破作业项目的等级是否符合规定；
（3）设计所依据的资料是否完整；
（4）设计方法、设计参数是否合理；
（5）起爆网路是否可靠；
（6）设计选择方案是否可行；
（7）存在的有害效应及可能影响的范围是否全面；
（8）保证工程环境安全的措施是否可行；
（9）制定的应急预案是否适当。

二、职责

1. 爆破单位

申请从事爆破作业的单位，应当按照国务院公安部门的规定，向有关人民政府公安机关提出申请，并提供能够证明其符合《民用爆炸物品安全管理条例》第三十一条规定条件的有关材料。

2. 公安机关

受理申请的公安机关应当自受理申请之日起 20 日内进行审查，对符合条件的，核发《爆破作业单位许可证》；对不符合条件的，不予核发《爆破作业单位许可证》，书面向申请人说明理由。

三、内容及一般流程

1. 内容

（1）申请环节。爆破作业单位需向当地公安部门或相关主管部门提交爆破作业申请，并附上爆破作业方案、安全评估报告等材料。

在城市、风景名胜区和重要工程设施附近实施爆破作业的，爆破作业单位应向爆破作业所在地设区的市级公安机关提出申请，提交《爆破作业项目许可审批表》及下列材料：

① 设计施工、安全评估、安全监理单位持有的《爆破作业单位许可证》、工商营业执照及其复印件；

② 设计施工单位与委托单位签订的爆破作业合同；

③ 安全评估单位与委托单位签订的安全评估合同；

④ 安全监理单位与委托单位签订的安全监理合同；

⑤ 安全评估单位出具的爆破设计、施工方案的安全评估报告。

（2）审批环节。提交申请后，相关部门会对申请进行审查，包括现场勘查和资料审核。审查过程中，会对爆破作业的安全性进行评估。

（3）许可环节。经审查通过后，爆破作业单位将获得爆破作业许可。这个许可通常具有一定的有效期，爆破作业单位必须在有效期内完成爆破作业。若超过有效期仍未进行爆破作业，需重新申请手续。同时，施工过程中应严格按照爆破安全规程进行操作，确保人员安全。未取得爆破作业许可的爆破作业单位不得擅自进行爆破作业，否则将面临法律责任。此外，施工爆破过程中还需遵守环保法规，减少对环境的影响。办理手续时还需提交相关的环保措施和应急预案等材料。

2. 一般流程

爆破作业备案一般流程如图 2-23 所示。

四、办理周期

受理申请的公安机关应当自受理申请之日起 20 日内进行审查，对符合条件的，核发《爆破作业单位许可证》；对不符合条件的，不予核发《爆破作业单位许可证》，书面向申请人说明理由。

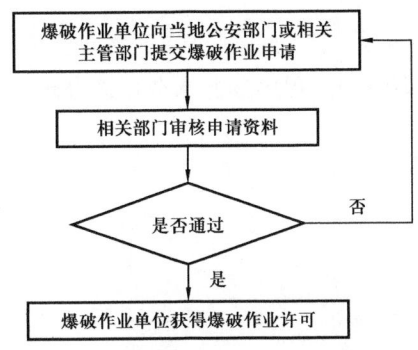

图 2-23 爆破作业备案一般流程示意图

五、风险提示

《民用爆炸物品安全管理条例》(2014 年修订)。

第三条 国家对民用爆炸物品的生产、销售、购买、运输和爆破作业实行许可证制度。

未经许可,任何单位或者个人不得生产、销售、购买、运输民用爆炸物品,不得从事爆破作业。

严禁转让、出借、转借、抵押、赠送、私藏或者非法持有民用爆炸物品。

第二十四节 弃渣许可/协议

为减少工程施工造成的水土流失以及对生态环境的破坏,同时符合相关法律法规要求,管道建设项目需办理弃渣许可/协议文件。

一、前置条件

主要包括报批报建文件、环境影响评价报告及批复、水土保护评价报告及批复。

二、职责

建设单位向生态环境和自然资源部门提出报批。按照批复的环境影响评价报告和水土保护评价报告将弃渣存放在指定位置,或与具备资质的消纳场签订消纳协议。

三、内容及一般流程

1. 内容

(1)土地使用证;
(2)建设用地规划许可申请文件。

2. 一般流程

弃渣场的土地和规划办理流程及程序参照永久用地办理执行。

四、办理周期

一般需要 1~3 个月。

五、风险提示

《中华人民共和国固体废物污染环境防治法》（2020 年 9 月 1 日实施）。

第一百二十条　违反本法规定，有下列行为之一，尚不构成犯罪的，由公安机关对法定代表人、主要负责人、直接负责的主管人员和其他责任人员处十日以上十五日以下的拘留；情节较轻的，处五日以上十日以下的拘留：

（一）擅自倾倒、堆放、丢弃、遗撒固体废物，造成严重后果的；

（二）在生态保护红线区域、永久基本农田集中区域和其他需要特别保护的区域内，建设工业固体废物、危险废物集中贮存、利用、处置的设施、场所和生活垃圾填埋场的；

（三）将危险废物提供或者委托给无许可证的单位或者其他生产经营者堆放、利用、处置的；

（四）无许可证或者未按照许可证规定从事收集、贮存、利用、处置危险废物经营活动的；

（五）未经批准擅自转移危险废物的；

（六）未采取防范措施，造成危险废物扬散、流失、渗漏或者其他严重后果的。

第二十五节　取水许可及打井许可

为了合理开发、利用、节约和保护水资源，国家对水资源依法实行取水许可制度和有偿使用制度。

一、前置条件

按照《取水许可管理办法》，建设单位在申请取水前，应自行或委托有资质的单位编制《建设项目水资源论证报告书》或者填写《建设项目水资源论证表》（取水量较少且对周边环境影响较小的建设项目，具体由地方水行政部门规定）；水行政主管部门或者流域管理机构对建设项目水资源论证报告书进行审查，并提出书面审查意见，作为审批取水申请的技术依据。此外，打井取地下水时需要水质检测报告。

二、职责

1. 建设单位

委托具有资质的单位编制《建设项目水资源论证报告书》或者填写《建设项目水资源论证表》，向水行政部门提出取水申请。

2. 水行政主管部门或者流域管理机构

县级以上地方人民政府水行政主管部门按照省、自治区、直辖市人民政府规定的分级管理权限，负责本行政区域内取水许可制度的组织实施和监督管理；国务院水行政主管部门在国家确定的重要江河、湖泊设立的流域管理机构负责所管辖范围内取水许可制度的组织实施和监督管理。

三、内容及一般流程

1. 内容

实行核准制建设项目，建设单位应当在报送项目申请报告前，提出取水申请。

建设单位提出取水申请时，委托具有资质的单位编制《建设项目水资源论证报告书》或《建设项目水资源论证表》，当需打井取地下水时，还编制《水质检测报告》，并向水行政部门提出取水申请。材料主要包括：

（1）申请书；

（2）与第三者利害关系的相关说明，有利害关系第三者的承诺书或者其他文件；

（3）属于备案项目的，提供有关备案材料；

（4）取水单位或者个人的法定身份证明文件；

（5）建设项目水资源论证报告书；

（6）不需要编制建设项目水资源论证报告书的，应当提交建设项目水资源论证表；

（7）利用已批准的入河排污口退水的，应当出具具有管辖权的县级以上地方人民政府水行政主管部门或者流域管理机构的同意文件。

2. 一般流程

取水的办理程序及流程大概为：

（1）建设单位委托具有资质的单位编制建设项目水资源论证报告书；

（2）填写取水申请表连同其他资料一同上报；

（3）审批部门对申请材料进行全面审查；

（4）审批部门综合考虑取水可能对水资源的节约保护和经济社会发展带来的影响，决定是否批准取水申请；

（5）审批部门根据取水是否涉及第三方利益决定是否举行听证会；

（6）审批举行听证会并协助申请人办理与第三方和利益关系协议（批复）；

（7）取水审批机关决定批准取水申请的，应当签发取水申请批准文件；

（8）取水申请经审批机关批准，建设单位可兴建取水工程或者设施；

（9）取水工程或者设施竣工后，申请人向取水审批机关报送取水工程或者设施试运行情况等相关材料，经验收合格的，由审批机关核发取水许可证。

取水许可及打井许可办理一般流程如图 2-24 所示。

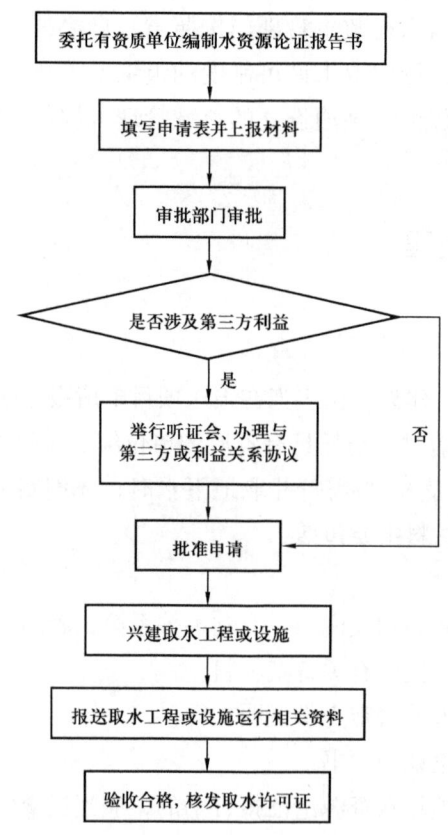

图 2-24　取水许可及打井许可办理一般流程示意图

取水工程或者设施建成并试运行满 30 日的，申请人应向取水审批机关报送以下材料，申请核发取水许可证：

（1）建设项目的批准或者核准文件；

（2）取水申请批准文件；

（3）取水工程或者设施的建设和试运行情况；

（4）取水计量设施的计量认证情况；

（5）节水设施的建设和试运行情况；

（6）污水处理措施落实情况；

（7）试运行期间的取水、退水监测结果。

拦河闸坝等蓄水工程，还应当提交经地方人民政府水行政主管部门或者流域管理机构批准的蓄水调度运行方案。

地下水取水工程，还应当提交包括成井抽水试验综合成果图、水质分析报告等内容的施工报告。

四、办理周期

一般需要1~3个月。

五、风险提示

（1）《中华人民共和国水法》（2016年9月1日实施）。

第六十九条　有下列行为之一的，由县级以上人民政府水行政主管部门或者流域管理机构依据职权，责令停止违法行为，限期采取补救措施，处二万元以上十万元以下的罚款；情节严重的，吊销其取水许可证：

（一）未经批准擅自取水的；

（二）未依照批准的取水许可规定条件取水的。

（2）《取水许可和水资源费征收管理条例》（2017年3月1日实施）。

第四十八条　未经批准擅自取水，或者未依照批准的取水许可规定条件取水的，依照《中华人民共和国水法》第六十九条规定处罚；给他人造成妨碍或者损失的，应当排除妨碍、赔偿损失。

第四十九条　未取得取水申请批准文件擅自建设取水工程或者设施的，责令停止违法行为，限期补办有关手续；逾期不补办或者补办未被批准的，责令限期拆除或者封闭其取水工程或者设施；逾期不拆除或者不封闭其取水工程或者设施的，由县级以上地方人民政府水行政主管部门或者流域管理机构组织拆除或者封闭，所需费用由违法行为人承担，可以处5万元以下罚款。

第五十条　申请人隐瞒有关情况或者提供虚假材料骗取取水申请批准文件或者取水许可证的，取水申请批准文件或者取水许可证无效，对申请人给予警告，责令其限期补缴应当缴纳的水资源费，处2万元以上10万元以下罚款；构成犯罪的，依法追究刑事责任。

第二十六节　避免危害气象探测环境许可

避免危害气象探测环境许可是为规范新建、扩建、改建建设工程避免危害气象探测环境行政许可行为，保护公民、法人和其他组织的合法权益，保障和监督气象主管机构有效实施行政管理手段。按照《中华人民共和国气象法》要求，新建、扩建、改建建设工程，应当避免危害气象探测环境；确实无法避免的，建设单位应当事先征得省、自治区、直辖市气象主管机构的同意，并采取相应的措施后，方可建设。

一、前置条件

避免危害气象探测环境许可办理的前置条件主要包括：行政许可申请表以及与气象探测设施或观测场的相对位置示意图等有关图纸。

二、职责

1. 建设单位

组织设计单位准备图纸及申请表等相关材料。

2. 气象主管机构

设区的市气象主管机构或者省直管县（市）气象主管机构受理新建、扩建、改建建设工程避免危害气象探测环境行政许可申请，对材料进行初审并组织现场踏勘，形成初审意见，最终由省、自治区、直辖市气象主管机构负责审批。

三、内容及一般流程

1. 内容

建设单位提交以下材料，并对申请材料的真实性负责：
（1）新建、扩建、改建建设工程避免危害气象探测环境行政许可申请表；
（2）申请人身份信息；
（3）新建、扩建、改建建设工程与气象探测设施或观测场的相对位置示意图；
（4）委托代理的，应出具委托协议；
（5）申请人为法人或其他组织的，还应当提交新建、扩建、改建建设工程概况和规划总平面图。

2. 一般流程

行政许可申请审批流程如下。
（1）受理。新建、扩建、改建建设工程避免危害气象探测环境行政许可的申请由设区的市气象主管机构或者省直管县（市）气象主管机构受理。设区的市气象主管机构或者省直管县（市）气象主管机构应当在收到全部申请材料之日起 5 个工作日内作出受理或者不予受理的决定，并出具书面凭证。

（2）初审。受理机构负责对申请材料进行初审，并组织现场踏勘。现场踏勘应当通知申请人或者其代理人到场，申请人或者其代理人应当在现场踏勘记录表上签署明确意见。受理机构应当自受理之日起20个工作日内将全部申请材料和初审意见报省、自治区、直辖市气象主管机构审批。

（3）全面审查。省、自治区、直辖市气象主管机构应当对申请材料进行全面审查，必要时可组织现场复查和专家论证。经审查符合有关法律法规和标准要求的，应当在收到全部申请材料和初审意见之日起20个工作日内作出准予许可的书面决定；不符合要求的，作出不予许可的书面决定，并说明理由。20个工作日内不能作出决定的，经本级气象主管机构负责人批准，可以延长10个工作日，并应当将延长期限的理由书面告知申请人。

（4）技术审查。省、自治区、直辖市气象主管机构、设区的市气象主管机构或者省直管县（市）气象主管机构在审批过程中需要进行技术审查（含现场踏勘）的，所需时间不计入审批时间内。

技术审查（含现场踏勘）时间一般不超过1个月。省、自治区、直辖市气象主管机构、设区的市气象主管机构或者省直管县（市）气象主管机构应当将所需时间书面告知申请人。

避免危害气象探测环境许可办理一般流程如图2-25所示。

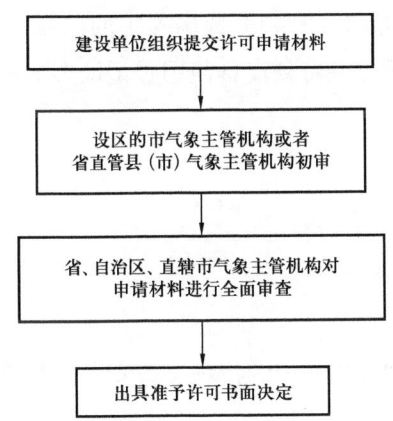

图2-25 避免危害气象探测环境许可办理一般流程示意图

四、办理周期

一般需要2~3个月。

五、风险提示

（1）《中华人民共和气象法》（2016年11月7日实施）。

第三十五条 违反本法规定，有下列行为之一的，由有关气象主管机构按照权限责令停止违法行为,限期恢复原状或者采取其他补救措施,可以并处五万元以下的罚款;造成损失的,依法承担赔偿责任;构成犯罪的,依法追究刑事责任:

(一)侵占、损毁或者未经批准擅自移动气象设施的;

(二)在气象探测环境保护范围内从事危害气象探测环境活动的。

(2)《气象设施和气象探测环境保护条例》(2016年2月6日实施)。

第二十五条　违反本条例规定,危害气象探测环境的,由气象主管机构责令停止违法行为,限期拆除或者恢复原状,情节严重的,对违法单位处2万元以上5万元以下罚款,对违法个人处200元以上5000元以下罚款;逾期拒不拆除或者恢复原状的,由气象主管机构依法申请人民法院强制执行;造成损害的,依法承担赔偿责任。

(3)《新建扩建改建建设工程避免危害气象探测环境行政许可管理办法》(2020年5月1日实施)。

第十四条　未取得新建、扩建、改建建设工程避免危害气象探测环境行政许可的,或者取得许可后不按规定进行建设,造成气象探测环境遭到破坏的,按照《气象法》第三十五条、《气象设施和气象探测环境保护条例》第二十五条予以处罚。

第二十七节　特种设备安装告知

特种设备安全监督管理部门及时获取现场施工的信息,方便开展现场安全监察,督促施工单位申报监督检验,是办理特种设备使用登记证书的前置条件。

一、前置条件

特种设备安装报验资料。

二、职责

特种设备施工单位向办理使用登记的特种设备安全监督管理部门提出申请。

三、内容及一般流程

1. 内容

施工单位办理特种设备安装改造维修告知,只需填写《特种设备安装改造维修告知书》,提交给办理使用登记的特种设备安全监督管理部门,同时抄送给实施监督检验的特种设备检验机构。

施工单位可以采用派人送达、挂号邮寄或特快专递、网上告知、传真、电子邮件等方式进行安装改造维修告知。告知不是行政许可,施工单位告知后即可施工。

2. 一般流程

特种设备安装告知一般流程如图2-26所示。

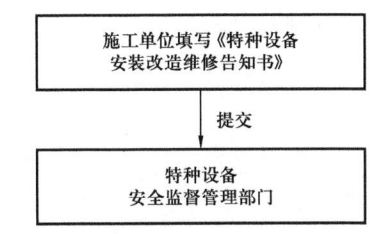

图2-26 特种设备安装告知一般流程示意图

四、办理周期

告知后即可施工，期限为1~2个月。

五、风险提示

（1）《中华人民共和国特种设备安全法》（2014年1月1日实施）。

第七十八条 违反本法规定，特种设备安装、改造、修理的施工单位在施工前未书面告知负责特种设备安全监督管理的部门即行施工的，或者在验收后三十日内未将相关技术资料和文件移交特种设备使用单位的，责令限期改正；逾期未改正的，处一万元以上十万元以下罚款。

（2）《特种设备安全监察条例》（2009年5月1日实施）。

第七十八条 锅炉、压力容器、电梯、起重机械、客运索道、大型游乐设施的安装、改造、维修的施工单位以及场（厂）内专用机动车辆的改造、维修单位，在施工前未将拟进行的特种设备安装、改造、维修情况书面告知直辖市或者设区的市的特种设备安全监督管理部门即行施工的，或者在验收后30日内未将有关技术资料移交锅炉、压力容器、电梯、起重机械、客运索道、大型游乐设施的使用单位的，由特种设备安全监督管理部门责令限期改正；逾期未改正的，处2000元以上1万元以下罚款。

第二十八节 特种设备安装监督检验

特种设备安装过程接受国务院特种设备安全监督管理部门核准的检验检测机构，按照安全技术规范的要求进行监督检验，是办理特种设备使用登记证书的前置条件。

一、前置条件

特种设备安装监督检验资料。

二、职责

特种设备施工单位向地方市场监督管理部门提出申请；地方市场监督管理部门通知所属的检验检测机构一同进行监督检验工作。

三、内容及一般流程

1. 内容

（1）申请：在履行告知手续后，向地方市场监督管理部门所属的特种设备检验检测机构提出申请。

（2）受理：检验检测机构接到安装监督检验申请书后，经审查认为符合要求的，应当做好监督检验的安排工作，并通知安装单位。

（3）监督检验机构监督检验：检验检测机构根据设备的状况，安排符合规定要求的检验人员从事监督检验工作。

（4）出具监督检验证书：检验检测机构经过监督检验认为生产过程、设备安全性能符合安全技术规范的要求，出具特种设备安全性能监督检验证书；对生产过程中发现的问题，出具特种设备安全性能监督检验联络单或者意见通知书。

2. 一般流程

特种设备监督检验证书办理一般流程如图 2-27 所示。

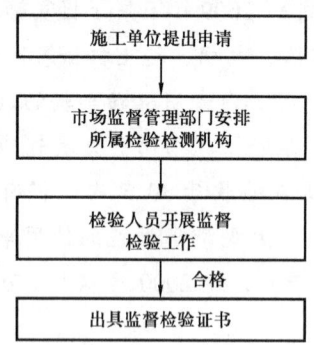

图 2-27　特种设备监督检验证书办理一般流程示意图

四、办理周期

一般需要 1～3 个月。

五、风险提示

（1）《中华人民共和国特种设备安全法》（2014 年 1 月 1 日实施）。

第七十八条　违反本法规定，特种设备安装、改造、修理的施工单位在施工前未书面告知负责特种设备安全监督管理的部门即行施工的，或者在验收后三十日内未将相关技术资料和文件移交特种设备使用单位的，责令限期改正；逾期未改正的，处一万元以上十万元以下罚款。

第七十九条　违反本法规定，特种设备的制造、安装、改造、重大修理以及锅炉清洗过程，未经监督检验的，责令限期改正；逾期未改正的，处五万元以上二十万元以下罚款；有违法所得的，没收违法所得；情节严重的，吊销生产许可证。

（2）《特种设备安全监察条例》（2009年5月1日实施）。

第七十五条　未经许可，擅自从事锅炉、压力容器、电梯、起重机械、客运索道、大型游乐设施、场（厂）内专用机动车辆及其安全附件、安全保护装置的制造、安装、改造以及压力管道元件的制造活动的，由特种设备安全监督管理部门予以取缔，没收非法制造的产品，已经实施安装、改造的，责令恢复原状或者责令限期由取得许可的单位重新安装、改造，处10万元以上50万元以下罚款；触犯刑律的，对负有责任的主管人员和其他直接责任人员依照刑法关于生产、销售伪劣产品罪、非法经营罪、重大责任事故罪或者其他罪的规定，依法追究刑事责任。

第二十九节　特种设备使用登记

根据《特种设备安全监察条例》要求，特种设备在投入使用前后，特种设备使用单位应当向直辖市或者设区的市的特种设备安全监督管理部门登记。

一、前置条件

主要包括特种设备安装告知（施工单位完成）以及特种设备安装报验。

二、职责

施工单位持压力管道和压力设备证书及其他相关申请文件，到市场监督管理部门和特种设备安全监督管理部门办理。

三、内容及一般流程

1. 内容

办理特种设备使用登记证所需材料如下。

1）承压类特种设备（锅炉、压力容器）

（1）《特种设备使用登记表》纸质及电子版；

（2）使用单位营业执照；

（3）产品质量合格证明（含产品数据表）；

（4）压力容器制造监督检验证书；

（5）监督检验报告、安装质量证明书，压力容器管理人员证件；

（6）锅炉水质检验报告、能效证明文件；

（7）压力容器投入使用前验收资料、移动式压力容器车辆走行部分行驶证、医用氧舱设备批准书及安装监督检验报告。

2）新建、扩建、改建压力管道

（1）压力管道使用登记汇总表；

（2）使用单位营业执照复印件；

（3）压力管道安装质量证明书、压力管道安装竣工图（单线图）；

（4）安装监督检验机构出具的压力管道安装监督检验报告；

（5）安全管理制度，事故预防方案，管理人员和操作人员名单；

（6）重要压力管道使用登记表。

2. 一般流程

特种设备使用登记证书办理一般流程如图2-28所示。

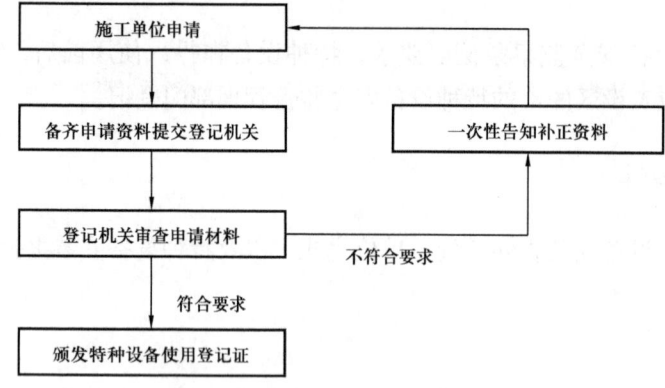

图2-28 特种设备使用登记证书办理一般流程示意图

四、办理周期

一般需要1~3个月。

五、风险提示

《中华人民共和国特种设备安全法》（2014年1月1日实施）。

第八十三条（节选） 违反本法规定，特种设备使用单位有下列行为之一的，责令限期改正；逾期未改正的，责令停止使用有关特种设备，处一万元以上十万元以下罚款：

（一）使用特种设备未按照规定办理使用登记的；

（二）未建立特种设备安全技术档案或者安全技术档案不符合规定要求，或者未依法设置使用登记标志、定期检验标志的。

第三十节　试生产（使用）方案备案

《危险化学品建设项目安全监督管理办法》规定，建设项目安全设施施工完成后，建设单位应当组织建设项目的设计、施工、监理等有关单位和专家，研究提出建设项目试生产（使用）可能出现的安全问题及对策，并按照有关安全生产法律、法规、规章和国家标准、行业标准的规定，制定周密的试生产（使用）方案。

根据《建设项目安全设施"三同时"监督管理办法》要求，生产、储存危险化学品的建设项目和化工建设项目，应当在建设项目试运行前将试运行方案报负责建设项目安全许可的安全生产监督管理部门（简称安监部门）备案。

一、前置条件

建设单位备案试生产（使用）方案的前置条件主要包括：安全评价及安全设施设计报告及批复；安全设施设计重大变更情况的报告（如有）；施工过程中安全设施设计落实情况的报告；组织设计漏项、工程质量、工程隐患的检查情况，以及整改措施的落实情况报告。

二、职责

建设单位应当组织建设项目的设计、施工、监理等有关单位和专家，研究提出建设项目试生产（使用）可能出现的安全问题及对策，并按照有关安全生产法律、法规、规章和国家标准、行业标准的规定，制定周密的试生产（使用）方案。并将试生产（使用）方案，报送出具安全设施设计审查意见书的安全生产监督管理部门备案。

三、内容及一般流程

1. 内容

试生产（使用）方案应当包括下列有关安全生产的内容：

（1）建设项目设备及管道试压、吹扫、气密、单机试车、仪表调校、联动试车等生产准备的完成情况；

（2）投料试车方案；

（3）试生产（使用）过程中可能出现的安全问题、对策及应急预案；

（4）建设项目周边环境与建设项目安全试生产（使用）相互影响的确认情况；

（5）危险化学品重大危险源监控措施的落实情况；

（6）人力资源配置情况；

（7）试生产（使用）起止日期。建设单位应当在试生产（使用）前，将试生产（使用）方案，报送出具安全设施设计审查意见书的安全生产监督管理部门备案，提交下列文件、资料，并对其真实性负责：

① 试生产（使用）方案备案表；

② 试生产（使用）方案；

③ 设计、施工、监理单位对试生产（使用）方案以及是否具备试生产（使用）条件的意见；

④ 专家对试生产（使用）方案的审查意见；

⑤ 安全设施设计重大变更情况的报告；

⑥ 施工过程中安全设施设计落实情况的报告；

⑦ 组织设计漏项、工程质量、工程隐患的检查情况，以及整改措施的落实情况报告；

⑧ 建设项目施工、监理单位资质证书（复制件）；

⑨ 建设项目质量监督手续（复制件）；

⑩ 主要负责人、安全生产管理人员、注册安全工程师资格证书（复制件），以及特种作业人员名单；

⑪ 从业人员安全教育、培训合格的证明材料；

⑫ 劳动防护用品配备情况说明；

⑬ 安全生产责任制文件，安全生产规章制度清单、岗位操作安全规程清单；

⑭ 设置安全生产管理机构和配备专职安全生产管理人员的文件（复制件）。

2. 一般流程

（1）建设单位将准备好的资料提交至安全生产监督管理部门；

（2）安全生产监督管理部门对建设单位报送的建设项目试生产（使用）方案及有关文件、资料进行接收和登记；

（3）安全生产监督管理部门组织技术支撑单位对建设单位报送的建设项目试生产（使用）方案及有关文件、资料进行审核，提出审核意见；

（4）安全生产监督管理部门对建设项目试生产（使用）方案及其审核意见进行研究、讨论，提出备案意见；

（5）安全生产监督管理部门对建设项目试生产（使用）方案提出备案意见后，向分管领导呈报下列文件、资料：

① 建设单位报送的建设项目试生产（使用）方案及有关文件、资料；

② 技术支撑单位对建设项目试生产（使用）方案及有关文件、资料的审核意见；

③安全生产监督管理部门有关人员对技术支撑单位的建设项目试生产（使用）方案及有关文件、资料审核意见的审查意见；

④安全生产监督管理部门对建设项目试生产（使用）方案提出的备案意见；

⑤其他有关建设项目试生产（使用）方案备案工作的文件、资料。

（6）安全生产监督管理部门分管领导通过上述文件、资料，审定建设项目试生产（使用）方案的备案意见，并签发《危险化学品建设项目试生产（使用）方案备案告知书》。

试生产（使用）方案备案一般流程如图2-29所示。

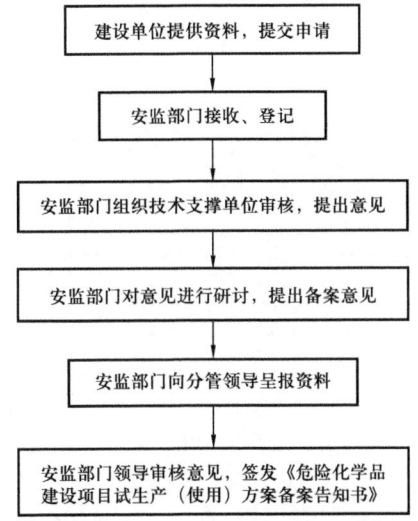

图2-29　试生产（使用）方案备案一般流程示意图

四、办理周期

一般需要1~3个月。

五、风险提示

《危险化学品建设项目安全监督管理办法》（2015年7月1日实施）。

第三十七条　建设单位有下列行为之一的，责令改正，可以处1万元以下的罚款；逾期未改正的，处1万元以上3万元以下的罚款：

（一）建设项目安全设施竣工后未进行检验、检测的；

（二）在申请建设项目安全审查时提供虚假文件、资料的；

（三）未组织有关单位和专家研究提出试生产（使用）可能出现的安全问题及对策，或者未制定周密的试生产（使用）方案，进行试生产（使用）的；

（四）未组织有关专家对试生产（使用）方案进行审查、对试生产（使用）条件进行检查确认的；

第三章
项目验收阶段

第一节 雷电防护装置验收

为了规范雷电防护装置设计审核和竣工验收工作,维护国家利益,保护人民生命财产和公共安全,中国气象局根据国家相关法规出台了《雷电防护装置设计审核和竣工验收规定》,要求易燃易爆建设工程和场所应开展雷电防护装置设计审核和竣工验收,即防雷防护装置实行竣工验收制度。新建、改建、扩建(构)筑物竣工验收时,建设单位应当通知当地气象主管机构同时验收防雷装置。

一、前置条件

雷电防护装置应当与主体工程同时设计、同时施工、同时投入使用,验收的前置条件主要为雷电防护装置设计取得当地气象主管机构核发的《雷电防护装置设计核准意见书》。

二、职责

1. 建设单位

建设单位组织施工单位准备雷电防护装置验收资料,开展雷电防护装置初步验收。初步验收通过后,建设单位向当地气象主管机构申请验收,并组织设计、施工单位配合当地气象主管机构现场及资料验收。

2. 当地气象主管机构

受理材料,并委托取得雷电防护装置检测资质的单位开展雷电防护装置检测。雷电防护装置经验收符合要求的,气象主管机构出具《雷电防护装置验收意见书》。

3. 雷电防护装置检测单位

取得雷电防护装置检测资质的单位应按照国家有关标准、规范和规程开展检测并出具检测报告,对检测报告负责。出具的雷电防护装置检测报告必须全面、真实、可靠,检测报告结论应当包含安装的雷电防护装置是否按照核准的施工图施工完成,以及是否符合国家有关标准和国务院气象主管机构规定的使用要求。

三、内容及一般流程

1. 内容

(1)建设单位应当提交以下防雷装置验收材料:

①《雷电防护装置竣工验收申请表》；
② 雷电防护装置竣工图纸等技术资料；
③ 防雷产品出厂合格证和安装记录。
（2）气象主管机构竣工验收主要内容如下：
① 审核申请材料的合法性；
② 审核雷电防护装置检测报告。

气象主管机构应当在受理之日起 10 个工作日内作出竣工验收结论。雷电防护装置经验收符合要求的，气象主管机构应当出具《雷电防护装置验收意见书》；雷电防护装置验收不符合要求的，气象主管机构应当出具《不予验收决定书》。

2. 一般流程

雷电防护装置验收一般流程如图 3-1 所示。

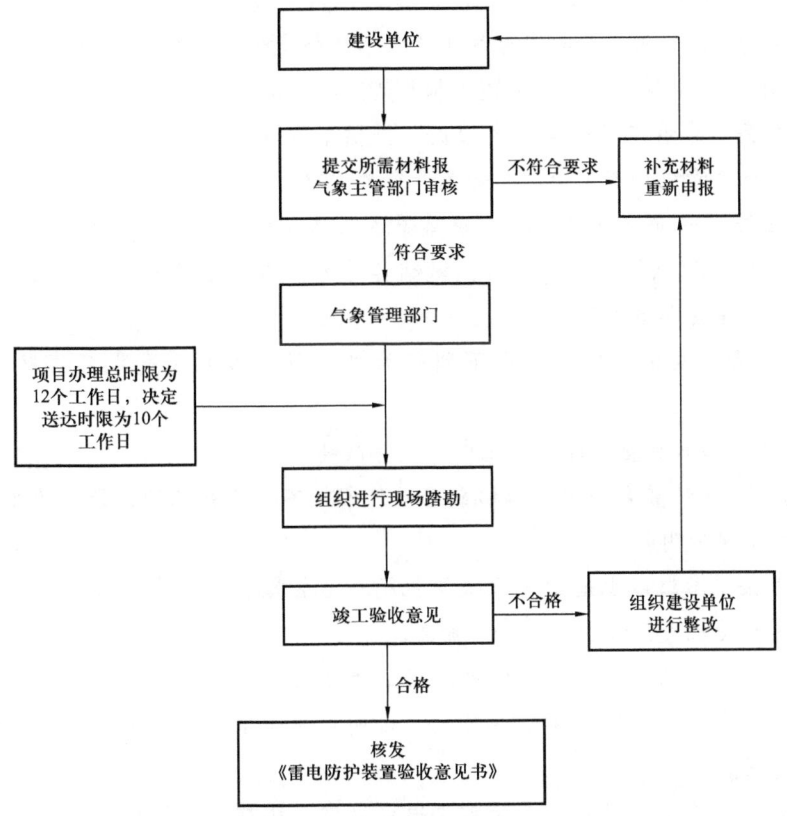

图 3-1　雷电防护装置验收一般流程示意图

四、办理周期

应在项目竣工之后，投产运行之前完成。一般需要 1~2 个月。

五、风险提示

（1）《中华人民共和国气象法》（2016年11月7日实施）。

第三十七条　违反本法规定，安装不符合使用要求的雷电灾害防护装置的，由有关气象主管机构责令改正，给予警告。使用不符合使用要求的雷电灾害防护装置给他人造成损失的，依法承担赔偿责任。

（2）《气象灾害防御条例》（2017年10月7日修订）。

第四十五条　违反本条例规定，有下列行为之一的，由县级以上气象主管机构或者其他有关部门按照权限责令停止违法行为，处5万元以上10万元以下的罚款；有违法所得的，没收违法所得；给他人造成损失的，依法承担赔偿责任：

（一）无资质或者超越资质许可范围从事雷电防护装置检测的；

（二）在雷电防护装置设计、施工、检测中弄虚作假的；

（三）违反本条例第二十三条第三款的规定，雷电防护装置未经设计审核或者设计审核不合格施工的，未经竣工验收或者竣工验收不合格交付使用的。

（3）《雷电防护装置设计审核和竣工验收规定》（2021年1月1日实施）。

第二十四条　申请单位隐瞒有关情况、提供虚假材料申请设计审核或者竣工验收许可的，有关气象主管机构不予受理或者不予行政许可，并给予警告。

第二十五条　申请单位以欺骗、贿赂等不正当手段通过设计审核或者竣工验收的，有关气象主管机构按照权限给予警告，撤销其许可证书，可以并处三万元以下罚款；构成犯罪的，依法追究刑事责任。

第二十六条　违反本规定，有下列行为之一的，按照《气象灾害防御条例》第四十五条规定进行处罚：

（一）在雷电防护装置设计、施工中弄虚作假的；

（二）雷电防护装置未经设计审核或者设计审核不合格施工的，未经竣工验收或者竣工验收不合格交付使用的。

第二十七条　县级以上地方气象主管机构在监督检查工作中发现违法行为构成犯罪的，应当移送有关机关，依法追究刑事责任。

第二十八条　国家工作人员在雷电防护装置设计审核和竣工验收工作中由于滥用职权、玩忽职守，导致重大雷电灾害事故的，由所在单位依法给予处分；构成犯罪的，依法追究刑事责任。

第二十九条　违反本规定，导致雷击造成火灾、爆炸、人员伤亡以及国家或者他人财产重大损失的，由主管部门给予直接责任人处分；构成犯罪的，依法追究刑事责任。
第六章附则第三十条各省、自治区、直辖市气象主管机构可以根据本规定制定实施细则，并报国务院气象主管机构备案。

第二节 消防验收

根据《中华人民共和国消防法》和《建设工程消防设计审查验收管理暂行规定》的要求，对特殊建设工程实行消防验收制度，依法应当进行消防验收的建设工程，未经消防验收或者消防验收不合格的，禁止投入使用；其他建设工程实行消防验收备案制度，备案后经依法抽查不合格的，应当停止使用。

一、前置条件

消防验收在工程完工后开展，主要前置条件包括工程竣工验收报告、涉及消防的建设工程竣工图纸、消防现场评定意见等。

二、职责

1.建设单位

建设单位在项目完工后，组织施工单位完成初步验收；组织设计、施工单位准备消防验收报审资料，并向消防设计审查验收主管部门申请验收；组织设计、施工单位配合地方消防设计审查验收主管部门现场评定。

2.消防设计审查验收主管部门

受理材料，组织现场评定，符合要求的出具《特殊建设工程消防验收意见书》。

三、内容及一般流程

1.内容

（1）建设单位应当提交以下验收材料：
① 建设工程消防验收申报表；
② 工程竣工验收报告；
③ 涉及消防的建设工程竣工图纸。

（2）建设单位组织竣工验收时，应按要求查验下列内容，经查验不符合规定的建设工程，建设单位不得编制工程竣工验收报告。
① 完成工程消防设计和合同约定的消防各项内容。
② 有完整的工程消防技术档案和施工管理资料（含涉及消防的建筑材料、建筑构配件和设备的进场试验报告）。

③ 建设单位对工程涉及消防的各分部分项工程验收合格；施工、设计、工程监理、技术服务等单位确认工程消防质量符合有关标准。

④ 消防设施性能、系统功能联调联试等内容检测合格。

（3）消防设计审查验收主管部门现场评定内容如下：

① 对建筑物防（灭）火设施的外观进行现场抽样查看；

② 通过专业仪器设备对涉及距离、高度、宽度、长度、面积、厚度等可测量的指标进行现场抽样测量；

③ 对消防设施的功能进行抽样测试、联调联试消防设施的系统功能等内容。

2. 一般流程

（1）建设单位根据消防设计审查验收主管部门出具的消防设计审查意见及批复组织消防现场检查验收，并完成消防验收现场检查验收意见、建筑消防设施技术检测报告、消防工程竣工图。

（2）消防设计审查验收主管部门应当自受理消防验收申请之日起十五日内组织消防验收，并出具消防验收意见。对综合评定结论为合格的建设工程，消防设计审查验收主管部门应当出具消防验收合格意见；对综合评定结论为不合格的，应当出具消防验收不合格意见，并说明理由。

消防验收工作一般流程如图 3-2 所示。

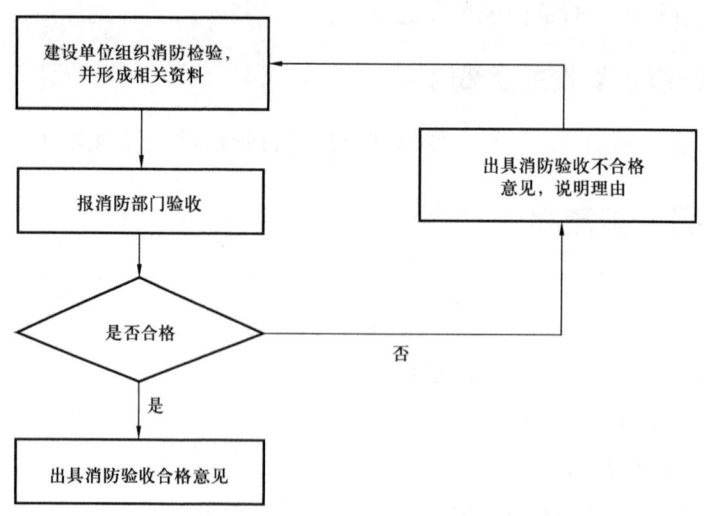

图 3-2　消防验收工作一般流程示意图

四、办理周期

应在项目完工之后，正式投产之前完成，一般需要 2～5 个月。

五、风险提示

（1）《中华人民共和国消防法》（2021年4月29日实施）。

第十三条（节选） 依法应当进行消防验收的建设工程，未经消防验收或者消防验收不合格的，禁止投入使用；其他建设工程经依法抽查不合格的，应当停止使用。

第五十八条（节选） 违反本法规定，有下列行为的，由住房和城乡建设主管部门、消防救援机构按照各自职权责令停止施工、停止使用或者停产停业，并处三万元以上三十万元以下罚款；依法应当进行消防验收的建设工程，未经消防验收或者消防验收不合格，擅自投入使用的。

（2）《建设工程消防设计审查验收管理暂行规定》（2023年10月30日实施）。

第二十七条 对特殊建设工程实行消防验收制度。

特殊建设工程竣工验收后，建设单位应当向消防设计审查验收主管部门申请消防验收；未经消防验收或者消防验收不合格的，禁止投入使用。

第三节　环境保护验收

编制环境影响报告书、环境影响报告表的建设项目竣工后，建设单位应当按照国务院环境保护行政主管部门规定的标准和程序，对配套建设的环境保护设施进行验收，编制验收报告。

一、前置条件

主要包括环境影响评价报告书、环境影响报告表及报批（备案）文件，环境影响评价涉及重大设计变更情况的报告（若发生），环境监理及监测报告。

二、职责

1. 建设单位

建设单位委托有能力的技术机构编制验收监测（调查）报告，配合技术机构开展环境保护验收监测或调查工作。在验收评价过程中发现的问题，由建设单位组织监理、施工单位进行整改。整改情况经技术机构确认后，由建设单位相关部门自行组织验收，验收通过后按要求进行公示和资料归档工作。

2. 环境保护验收评价单位

按照国家法律法规、技术规范要求，编制验收监测（调查）报告，参与建设单位组织的环境保护验收工作。

三、内容及一般流程

1. 内容

1)验收监测(调查)报告

建设项目竣工后,建设单位(或委托技术机构)如实查验、监测、记载建设项目环境保护设施的建设和调试情况,编制验收监测(调查)报告。

2)验收

建设单位组织成立验收工作组,通过现场核查、资料查阅、验收监测报告审查、召开验收会议等,形成验收意见及验收报告。

3)公示

验收报告编制完成5个工作日内,建设单位应公开验收报告,公示期不少于20个工作日。验收报告公示期满后5个工作日内,登录"全国建设项目竣工环境保护验收信息平台"填报相关信息,纸质版材料存档备查。

2. 一般流程

竣工环保验收工作一般流程如图3-3所示。

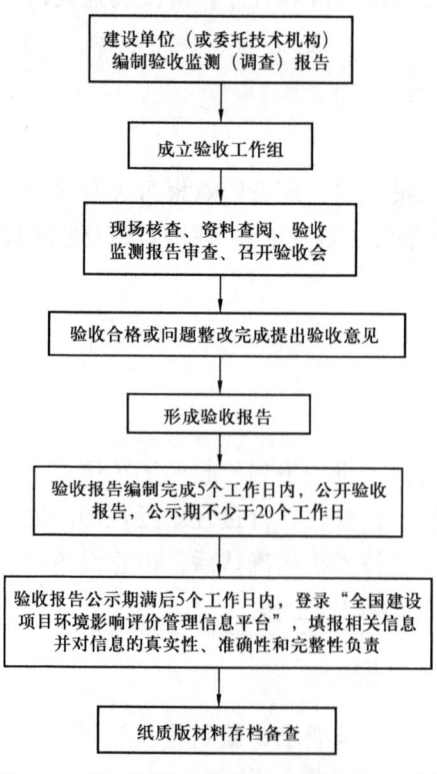

图3-3 竣工环保验收工作一般流程示意图

四、办理周期

应在项目试运行之后，竣工验收之前完成，一般需要 4~6 个月。

五、风险提示

《建设项目环境保护管理条例》（2017 年 10 月 1 日实施）。

第二十三条 违反本条例规定，需要配套建设的环境保护设施未建成、未经验收或者验收不合格，建设项目即投入生产或者使用，或者在环境保护设施验收中弄虚作假的，由县级以上环境保护行政主管部门责令限期改正，处 20 万元以上 100 万元以下的罚款；逾期不改正的，处 100 万元以上 200 万元以下的罚款；对直接负责的主管人员和其他责任人员，处 5 万元以上 20 万元以下的罚款；造成重大环境污染或者生态破坏的，责令停止生产或者使用，或者报经有批准权的人民政府批准，责令关闭。

违反本条例规定，建设单位未依法向社会公开环境保护设施验收报告的，由县级以上环境保护行政主管部门责令公开，处 5 万元以上 20 万元以下的罚款，并予以公告。

第四节 安全设施验收

建设项目安全设施，是指生产经营单位在生产经营活动中用于预防生产安全事故的设备、设施、装置、构（建）筑物和其他技术措施的总称。安全设施竣工验收，是指检验建设项目是否按照国家法律法规、标准规范和安全设施设计专篇要求建成，能否合法、安全生产和使用所做的验收工作。

一、前置条件

主要包括安全评价报告及报批（备案）文件、安全评价涉及重大设计变更情况的报告（若发生）、地方主管部门关于安全设施设计审查情况、试运行期间发现的事故隐患已全部整改。同时建设单位建立了完整的安全生产责任制，包括安全生产规章制度清单、岗位操作安全规程清单，设置了安全生产管理机构或者配备安全生产管理人员，从业人员经过安全教育培训、应急训练并具备相应资格和岗位应急处置、紧急避险能力。

二、职责

1. 建设单位

建设单位应委托有相应资质的安全评价机构对建设项目及其安全设施试生产（使用）情况进行安全验收评价，且不得委托在（预）可行性研究阶段进行安全评价的同一安全评价机构。

对于验收过程中存在的问题，由建设单位组织监理、施工单位进行整改，整改符合要求经评价机构确认后，向本单位主管部门申请验收。

建设单位主管部门组织有相应资格的专家成立安全设施验收委员会，由安全设施验收委员会对建设项目安全验收评价报告进行审查，并对现场进行查验，建设单位按照验收意见对发现的问题组织落实整改。对于安全设施验收合格的项目，安全设施验收委员会出具安全设施验收意见。建设单位主管部门根据安全设施验收意见下达批复文件。

2. 安全评价机构

接到委托书后应向建设单位提交安全设施验收评价报告编制计划，并按照计划提交验收评价报告。评价机构在验收评价过程中发现的问题，应向建设单位提出并确认问题整改情况。

三、内容及一般流程

1. 内容

建设项目安全设施竣工验收由建设单位负责依法自行组织实施。

（1）建设项目安全设施施工完成后，施工单位应当编制建设项目安全设施施工情况报告。

（2）建设项目试运行期间，建设单位应当按照本办法的规定委托有相应资质的安全评价单位对建设项目及其安全设施试生产（使用）情况进行安全验收评价。

（3）建设项目投入生产和使用前，建设单位应当组织人员进行安全设施竣工验收，作出建设项目安全设施竣工验收是否通过的结论。参加验收人员的专业能力应当涵盖建设项目涉及的所有专业内容。建设项目的安全设施有下列情形之一的，建设单位不得通过竣工验收，并不得投入生产或者使用：

① 未选择具有相应资质的施工单位施工的；

② 未按照建设项目安全设施设计文件施工或者施工质量未达到建设项目安全设施设计文件要求的；

③ 建设项目安全设施的施工不符合国家有关施工技术标准的；

④ 未选择具有相应资质的安全评价机构进行安全验收评价或者安全验收评价不合格的；

⑤ 安全设施和安全生产条件不符合有关安全生产法律、法规、规章和国家标准或者行业标准、技术规范规定的；

⑥ 发现建设项目试运行期间存在事故隐患未整改的；

⑦ 未依法设置安全生产管理机构或者配备安全生产管理人员的；

⑧从业人员未经过安全生产教育和培训或者不具备相应资格的；
⑨不符合法律、行政法规规定的其他条件的。

（4）建设项目安全设施竣工验收未通过的，经过组织整改后，建设单位可以再次组织建设项目安全设施竣工验收。

（5）安全设施竣工验收合格后，建设单位将验收过程中涉及的文件、资料存档。

2. 一般流程

安全设施验收一般流程如图 3-4 所示。

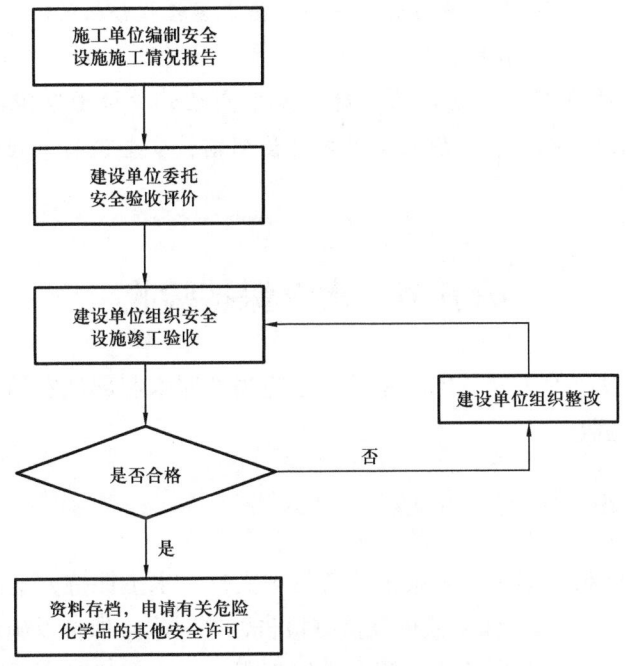

图 3-4 安全设施验收一般流程示意图

四、办理周期

应在项目试运行之后，竣工验收之前完成，一般需要 4~6 个月。

五、风险提示

（1）《中华人民共和国安全生产法》（2021 年 9 月 1 日实施）。

第九十八条（节选） 生产经营单位有下列行为的，责令停止建设或者停产停业整顿，限期改正，并处十万元以上五十万元以下的罚款，对其直接负责的主管人员和其他直接责任人员处二万元以上五万元以下的罚款；逾期未改正的，处五十万元以上一百万元以下的罚款，对其直接负责的主管人员和其他直接责任人员处五万元以上十万元以下的罚款；构成犯罪的，依照刑法有关规定追究刑事责任：矿山、金属冶炼建设项目或者用于生产、储存、装卸危险物品的建设项目竣工投入生产或者使用前，安全设施未经验收合格的。

（2）《建设项目安全设施"三同时"监督管理办法》（2015年5月1日实施）。

第二十八条（节选） 生产经营单位对本办法第七条第（一）项、第（二）项、第（三）项和第（四）项规定的建设项目有下列情形的，责令停止建设或者停产停业整顿，限期改正；逾期未改正的，处50万元以上100万元以下的罚款，对其直接负责的主管人员和其他直接责任人员处2万元以上5万元以下的罚款；构成犯罪的，依照刑法有关规定追究刑事责任：投入生产或者使用前，安全设施未经验收合格的。

第三十条（节选） 本办法第七条第（一）项、第（二）项、第（三）项和第（四）项规定以外的建设项目有下列情形的，对有关生产经营单位责令限期改正，可以并处5000元以上3万元以下的罚款：投入生产或者使用前，安全设施未经竣工验收合格，并形成书面报告的。

第五节　水土保持验收

生产建设项目投产使用前，生产建设单位应当按照水利部规定的标准和要求，开展水土保持设施自主验收。

一、前置条件

主要包括水土保持方案报告及报批（备案）文件、水土保持方案涉及重大设计变更情况的报告（若发生）、水土保持监理及监测报告，同时水土保持设施已按批准的水土保持方案报告书和设计文件要求建成，符合主体工程和水土保持工程要求；治理程度、拦渣率、植被恢复率、水土流失控制量等指标达到了批准的水土保持方案和批复文件的要求及国家和地方的有关技术标准，无水土流失风险隐患。

二、职责

1. 建设单位

编制水土保持方案报告书的项目，验收时建设单位应委托第三方机构编制水土保持设施验收报告，且与承担生产建设项目水土保持方案技术评审、水土保持监测、水土保持监理工作的单位不是同一家。编制水土保持方案报告表的项目，不需要编制水土保持设施验收报告。

建设单位自主验收通过后向社会公开，并报审批水土保持方案的水行政主管部门备案，水行政主管部门应当出具备案回执。

2. 水土保持验收机构

负责编制水土保持验收评价报告，并协助建设单位开展备案工作。

三、内容及一般流程

1. 内容

（1）建设单位委托具有相应资质的水土保持验收评价单位编制报告。

（2）评价单位接到委托书后，应向建设单位提交水土保持验收评价报告编制计划，并按照计划提交验收评价报告。

（3）建设单位配合评价单位开展水土保持验收调查工作，向其提供相关资料。

（4）评价单位在验收评价过程中发现的问题，建设单位组织监理、施工单位进行整改，整改符合要求经评价单位确认后，建设单位申请验收。

（5）建设单位主管部门组织有相应资格的专家成立水土保持验收委员会，由水土保持验收委员会对建设项目安全验收评价报告进行审查，并对现场进行查验，建设单位按照验收意见对发现的问题组织落实整改。存在下列情形之一的，水土保持设施验收结论应当为不合格：

① 未依法依规履行水土保持方案编报审批程序或者开展水土保持监测、监理的；

② 弃土弃渣未堆放在经批准的水土保持方案确定的专门存放地的；

③ 水土保持措施体系、等级和标准或者水土流失防治指标未按照水土保持方案批复要求落实的；

④ 存在水土流失风险隐患的；

⑤ 水土保持设施验收材料明显不实、内容存在重大缺项、遗漏的；

⑥ 存在法律法规和技术标准规定不得通过水土保持设施验收的其他情形的。

（6）对于水土保持验收合格的项目，水土保持验收委员会出具安全设施验收意见。建设单位主管部门根据水土保持验收意见下达批复文件。

（7）建设单位应在向社会公开水土保持设施验收材料后、生产建设项目投产使用前，向水土保持方案审批机关报备水土保持设施验收材料。

2. 一般流程

水土保持验收一般流程如图 3-5 所示。

四、办理周期

应在项目试运行之后，竣工验收之前完成，一般需要 4~6 个月。

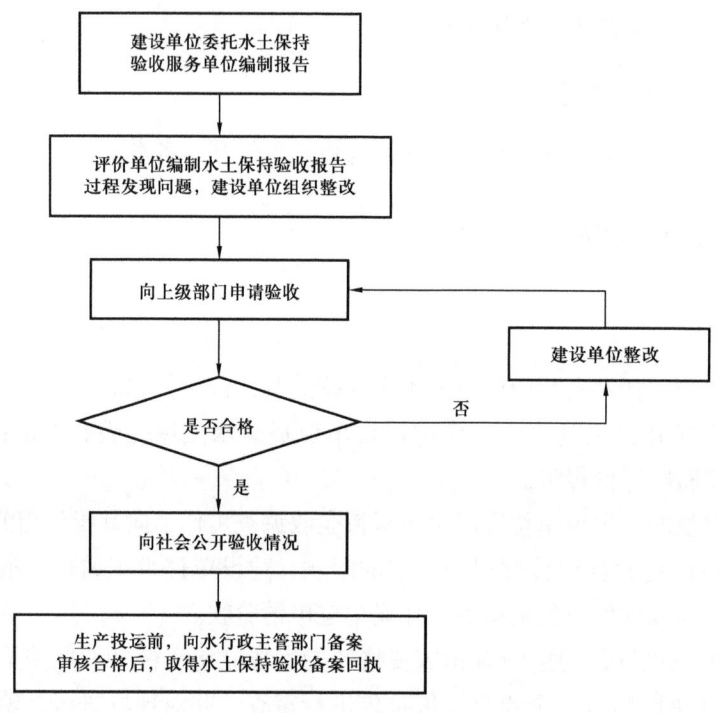

图 3-5 水土保持验收一般流程示意图

五、风险提示

《中华人民共和国水土保持法》（2011年3月1日实施）。

第五十四条 违反本法规定，水土保持设施未经验收或者验收不合格将生产建设项目投产使用的，由县级以上人民政府水行政主管部门责令停止生产或者使用，直至验收合格，并处五万元以上五十万元以下的罚款。

第六节 职业病防护设施验收

油气管道项目试运行期间，建设单位应组织进行职业病危害控制效果评价。建设项目在试运行之日起12个月内应获取职业病防护设施验收合格文件。

一、前置条件

主要包括职业病危害评价报告及报批（备案）文件、职业病危害评价涉及重大设计变更情况的报告（若发生），职业病防护设施已按批准的职业病危害评价报告书和设计文件要求建成。

二、职责

1. 建设单位

委托具有相应资质的职业病防护设施验收评价单位编制报告。建设单位上级部门组织职业病防护设施验收，并出具验收意见。

建设项目职业病防护设施"三同时"工作可以与安全设施"三同时"工作一并进行。建设单位可以将建设项目职业病危害预评价和安全评价、职业病防护设施设计和安全设施设计、职业病危害控制效果评价和安全验收评价合并出具报告或者设计，并对职业病防护设施与安全设施一并组织验收。

2. 职业病防护设施验收评价单位

验收评价单位负责编制验收评价报告。

三、内容及一般流程

1. 内容

（1）需试运行项目，配套建设的职业病防护设施必须与主体工程同时投入试运行。试运行期间，建设单位自行或委托具有相应资质的职业卫生技术服务机构进行职业病危害控制效果评价；不需试运行项目，建设单位在项目完工后自行或委托具有相应资质的职业卫生技术服务机构进行职业病危害控制效果评价。建设项目职业病危害控制效果评价报告应当符合职业病防治有关法律、法规、规章和标准的要求，包括下列主要内容：

① 建设项目概况；
② 职业病防护设施设计执行情况分析、评价；
③ 职业病防护设施检测和运行情况分析、评价；
④ 工作场所职业病危害因素检测分析、评价；
⑤ 工作场所职业病危害因素日常监测情况分析、评价；
⑥ 职业病危害因素对劳动者健康危害程度分析、评价；
⑦ 职业病危害防治管理措施分析、评价；
⑧ 职业健康监护状况分析、评价；
⑨ 职业病危害事故应急救援和控制措施分析、评价；
⑩ 正常生产后建设项目职业病防治效果预期分析、评价；
⑪ 职业病危害防护补充措施及建议；
⑫ 评价结论，明确建设项目的职业病危害风险类别，以及采取控制效果评价报告所提对策建议后，职业病防护设施和防护措施是否符合职业病防治有关法律、法规、规章和标准的要求。

（2）建设单位在职业病防护设施验收前，应当编制验收方案。验收方案应当包括下列内容：

① 建设项目概况和风险类别，以及职业病危害预评价、职业病防护设施设计执行情况；

② 参与验收的人员及其工作内容、责任；

③ 验收工作时间安排、程序等。

建设单位应当在职业病防护设施验收前 20 日将验收方案向管辖该建设项目的安全生产监督管理部门进行书面报告。

（3）建设单位在项目职业病危害控制效果评价报告编制完成后，应组织有关职业卫生专家对职业病危害控制效果评价报告进行评审，并对有关问题进行整改。属于职业病危害一般或者较重的建设项目，建设单位应当组织职业卫生专业技术人员对职业病危害控制效果评价报告进行评审以及对职业病防护设施进行验收，并形成是否符合职业病防治有关法律、法规、规章和标准要求的评审意见和验收意见。

（4）属于职业病危害严重的建设项目，建设单位应当组织外单位职业卫生专业技术人员参加评审和验收工作，并形成评审和验收意见。

（5）建设单位应当按照评审与验收意见对职业病危害控制效果评价报告和职业病防护设施进行整改完善，并对最终的职业病危害控制效果评价报告和职业病防护设施验收结果的真实性、合规性和有效性负责。

（6）建设单位应当将职业病危害控制效果评价和职业病防护设施验收工作过程形成书面报告备查，其中职业病危害严重的建设项目应当在验收完成之日起 20 日内向管辖该建设项目的安全生产监督管理部门提交书面报告。

2. 一般流程

职业卫生验收一般流程如图 3-6 所示。

四、办理周期

应在项目试运行之后，竣工验收之前完成，一般需要 4~6 个月。

五、风险提示

（1）《中华人民共和国职业病防治法》（2018 年 12 月 29 日实施）。

第六十九条（节选） 建设单位违反本法规定，有下列行为的，由卫生行政部门给予警告，责令限期改正；逾期不改正的，处十万元以上五十万元以下的罚款；情节严重的，责令停止产生职业病危害的作业，或者提请有关人民政府按照国务院规定的权限责令停建、关闭：建设项目竣工投入生产和使用前，职业病防护设施未按照规定验收合格的。

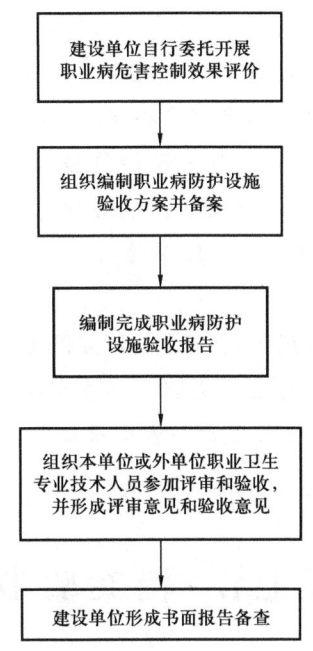

图 3-6 职业卫生验收一般流程示意图

（2）《建设项目职业病防护设施"三同时"监督管理办法》（2017年5月1日实施）。

第三十九条 建设单位有下列行为之一的，由安全生产监督管理部门给予警告，责令限期改正；逾期不改正的，处10万元以上50万元以下的罚款；情节严重的，责令停止产生职业病危害的作业，或者提请有关人民政府按照国务院规定的权限责令停建、关闭：

（一）未按照本办法规定进行职业病危害预评价的；

（二）建设项目的职业病防护设施未按照规定与主体工程同时设计、同时施工、同时投入生产和使用的；

（三）建设项目的职业病防护设施设计不符合国家职业卫生标准和卫生要求的；

（四）未按照本办法规定对职业病防护设施进行职业病危害控制效果评价的；

（五）建设项目竣工投入生产和使用前，职业病防护设施未按照本办法规定验收合格的。

第四十条 建设单位有下列行为之一的，由安全生产监督管理部门给予警告，责令限期改正；逾期不改正的，处5000元以上3万元以下的罚款：

（一）未按照本办法规定，对职业病危害预评价报告、职业病防护设施设计、职业病危害控制效果评价报告进行评审或者组织职业病防护设施验收的；

（二）职业病危害预评价、职业病防护设施设计、职业病危害控制效果评价或者职业病防护设施验收工作过程未形成书面报告备查的；

（三）建设项目的生产规模、工艺等发生变更导致职业病危害风险发生重大变化的，建设单位对变更内容未重新进行职业病危害预评价和评审，或者未重新进行职业病防护设施设计和评审的；

（四）需要试运行的职业病防护设施未与主体工程同时试运行的；

（五）建设单位未按照本办法第八条规定公布有关信息的。

第四十一条 建设单位在职业病危害预评价报告、职业病防护设施设计、职业病危害控制效果评价报告编制、评审以及职业病防护设施验收等过程中弄虚作假的，由安全生产监督管理部门责令限期改正，给予警告，可以并处5000元以上3万元以下的罚款。

第四十二条 建设单位未按照规定及时、如实报告建设项目职业病防护设施验收方案，或者职业病危害严重建设项目未提交职业病危害控制效果评价与职业病防护设施验收的书面报告的，由安全生产监督管理部门责令限期改正，给予警告，可以并处5000元以上3万元以下的罚款。

第七节 档案验收

根据《重大建设项目档案验收办法》（国家档案局文件）第四条，项目档案验收是项目竣工验收的重要组成部分。未经档案验收或档案验收不合格的项目，不得进行项目的竣工验收。

一、前置条件

主要包括建设项目施工过程资料、建设项目投产试运行资料以及项目专项验收资料等文件。

二、职责

建设单位在项目竣工验收前，完成编制档案验收申请报告和档案自检报告，向项目档案主管部门提出验收申请。

三、内容及一般流程

1. 内容

（1）建设单位上级部门负责档案验收的项目，建设单位应编制档案验收申请报告，并附项目档案自检报告，填报《建设项目档案验收申请表》，向上级部门提出申请。其他项目，由建设单位本级档案主管部门组织验收。

（2）建设单位对档案验收中提出的问题，应在项目竣工验收前完成整改，并进行复查。复查后仍不合格的，不得组织项目竣工验收。

2. 一般流程

档案验收一般流程如图 3-7 所示。

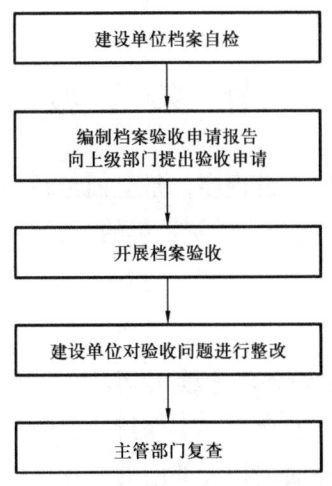

图 3-7 档案验收一般流程示意图

四、办理周期

应在项目专项验收及结算完成后，竣工验收之前完成，一般需要 2~4 个月。

五、风险提示

（1）《建设工程质量管理条例》（2019 年 4 月 23 日实施）。

第五十六条 违反本条例规定，建设单位有下列行为之一的，责令改正，处 20 万元以上 50 万元以下的罚款：

（一）迫使承包方以低于成本的价格竞标的；

（二）任意压缩合理工期的；

（三）明示或者暗示设计单位或者施工单位违反工程建设强制性标准，降低工程质量的；

（四）施工图设计文件未经审查或者审查不合格，擅自施工的；

（五）建设项目必须实行工程监理而未实行工程监理的；

（六）未按照国家规定办理工程质量监督手续的；

（七）明示或者暗示施工单位使用不合格的建筑材料、建筑构配件和设备的；

（八）未按照国家规定将竣工验收报告、有关认可文件或者准许使用文件报送备案的。

（2）《重大建设项目档案验收办法》（2006 年 6 月 14 日实施）。

第二十一条 项目档案验收不合格的项目，由项目档案验收组提出整改意见，要求项目建设单位（法人）于项目竣工验收前对存在的问题限期整改，并进行复查。复查后仍不合格的，不得进行竣工验收，并由项目档案验收组提请有关部门对项目建设单位（法人）通报批评。造成档案损失的，应依法追究有关单位及人员的责任。

第八节　竣工验收

竣工验收是建设项目的最后一道程序，是全面考核项目建设成果的重要环节，是项目由建设转入正式生产，办理固定资产转资手续的标志。

一、前置条件

主要前置条件包括主要工艺设备经连续72小时试运考核，主要经济技术指标和生产能力达到设计要求；环境保护、安全、水土保持、消防、职业卫生相关设施已按设计文件与主体工程同时建成使用，并通过相关部门的专项验收；竣工资料和竣工验收文件按规定汇编完成，竣工资料通过档案验收；竣工决算审计完成。

二、职责

建设单位检查建设项目是否具备竣工验收条件，是否完成初步验收及整改，竣工验收申请文件的附件是否齐全，组织完成项目竣工验收工作。

三、内容及一般流程

1. 内容

初步验收整改完成后，由建设单位组织开展竣工验收。

（1）召开预备会，确定会议日程，协商组成竣工验收委员会，确定竣工验收委员会主任及成员名单。竣工验收委员会应由建设单位代表、建设单位各部门负责人组成。设立专业小组，包括工程组、经济组、档案组等。

（2）召开竣工验收工作会议，听取并审议竣工验收报告书，勘察设计、物资采办及引进、监理、施工、生产准备和试运考核等总结，听取初步验收及整改情况汇报，听取现场检查总结报告。

（3）现场考察工程建设情况。

（4）审议竣工验收鉴定书。

（5）召开竣工验收总结会议，签署和颁发竣工验收鉴定书。对现场检查和审议中发现的问题要求建设单位落实整改计划和整改措施。

（6）竣工验收委员会签署竣工验收鉴定书。

（7）建设单位按竣工验收意见的要求完成问题整改，形成整改报告与竣工验收文件一并存档。

2. 一般流程

竣工验收一般流程如图 3-8 所示。

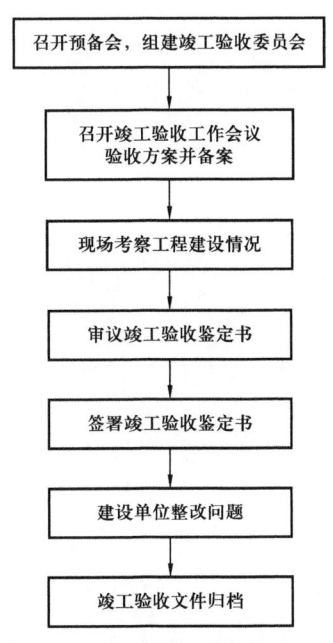

图 3-8 竣工验收一般流程示意图

四、办理周期

应在项目结算、专项验收完成之后，一般需要 2~5 个月。

五、风险提示

《建设工程质量管理条例》（2019 年 4 月 23 日实施）。

第五十六条（节选） 违反本条例规定，建设单位有下列行为的，责令改正，处 20 万元以上 50 万元以下的罚款：未按照国家规定将竣工验收报告、有关认可文件或者准许使用文件报送备案的。

第五十八条 违反本条例规定，建设单位有下列行为之一的，责令改正，处工程合同价款 2% 以上 4% 以下的罚款；造成损失的，依法承担赔偿责任：

（一）未组织竣工验收，擅自交付使用的；

（二）验收不合格，擅自交付使用的；

（三）对不合格的建设工程按照合格工程验收的。

第四章
项目后评价阶段

第一节　项目后评价

项目后评价是选取有代表性的项目，在项目竣工验收并投入使用一定时间后，将项目建成后所达到的实际效果与项目的可行性研究报告和初步设计（含概算）文件及其审批文件、项目申请书及其核准文件的主要内容进行对比分析，找出差距及原因，提出评价意见和对策建议，并反馈到项目参与各方，形成良性项目决策和管理机制。

一、前置条件

项目后评价通常在项目竣工验收并投入使用一段时间后进行，确保项目已经稳定运行一段时间，以便准确评估项目的实际效果与预期目标的差距。

二、职责

1. 建设单位

建设单位应开展自我总结评价，并积极配合工程咨询单位做好相关工作，及时、准确、完整地提供项目后评价所需要的相关文件资料，并推动项目后评价成果应用。

2. 政府部门

国家发改委负责项目后评价的组织和管理工作。具体包括：制定项目后评价制度，制定项目后评价报告编写通用大纲，建立项目后评价信息管理系统，制定项目后评价年度计划，委托并指导工程咨询机构开展项目后评价，推动项目后评价成果应用，开展项目后评价工作宣传培训等。

项目行业主管（监管）部门负责加强对项目单位的指导、协调、监督，支持工程咨询单位做好相关工作，推动项目后评价成果应用。

项目所在地的省级发展改革部门负责协调有关单位，配合工程咨询单位做好相关工作，推动项目后评价成果应用。

3. 咨询单位

在接受委托后，组建满足专业评价要求的工作组，在现场调查、资料收集和社会访谈的基础上，制定评价方案，结合项目自我总结评价报告，对照可行性研究报告、初步设计（含概算）文件、项目申请书及其审批或核准文件的相关内容，遵循独立、客观、科学、公正的原则，对项目进行全面系统地分析评价。

三、内容及一般流程

1. 内容

项目后评价的评价对象为国家发改委审批、核准或核报国务院审批、核准的投资项目（不含境外投资、外商投资项目），以及国家发改委开展的中央预算内投资（国债）项目。

项目后评价的内容主要包括：项目目标评价、项目效益评价、项目实施过程评价、项目影响评价、项目持续性评价。根据需要，可针对项目全过程管理中的某一环节进行专题评价，对同类的多个项目进行综合性的专项评价；也可对出现重大调整或外部环境发生重大变化的项目在竣工验收前进行阶段性的中间评价，对已开展后评价项目的效益效果情况进行后续的跟踪评价。

2. 一般流程

1）制定项目后评价年度计划

国家发改委聚焦党中央、国务院决策部署，每年选取一定数量项目开展后评价，制定项目后评价年度计划，印送有关项目行业主管（监管）部门、省级发展改革部门和项目单位。列入后评价年度计划的项目主要从以下项目中选择：

（1）对高质量发展、国家重大战略实施和重点领域安全能力建设、现代化产业体系构建、发展新质生产力有重大支撑和示范意义的项目；

（2）对实现碳达峰碳中和、节约资源、保护生态环境、促进社会发展有重大影响的项目；

（3）对优化资源配置、调整投资方向、优化重大布局有重要借鉴作用的项目；

（4）采用新技术、新工艺、新设备、新材料、新型投融资和运营模式，以及其他具有特殊示范意义的项目；

（5）跨地区、跨流域、工期长、投资大、建设条件复杂，以及项目建设过程中发生重大方案调整的项目；

（6）征地拆迁、移民安置规模较大，在项目实施过程中发生过社会稳定事件的项目；

（7）使用中央预算内投资（国债）数额较大且比例较高的项目；

（8）提供的产品或服务实行政府定价的项目；

（9）重大社会民生项目；

（10）社会舆论普遍关注的项目；

（11）其他需要开展后评价的项目。

2）自我总结评价与资料收集

列入后评价年度计划的项目，项目单位应在收到后评价年度计划文件之日起2个月内,将自我总结评价报告报送至国家发改委,同时根据项目管理权限报送至项目行业主管(监管)部门、项目所在地的省级发展改革部门。项目自我总结评价报告一般包括以下内容。

(1)项目概况:项目目标、规划政策符合性、建设必要性、建设内容和投资规模、项目单位及参建单位基本情况等。

(2)项目实施过程总结:前期工作和要素保障、投资概算执行、重大设计变更、资金使用、竣工验收、运行管理等。

(3)项目效益效果评价:财务及经济效益、社会效益、生态环境损益及环保措施实施效果、资源和能源节约利用与保护效果、技术效果等。

(4)项目目标及可持续性评价:目标实现程度及其差距和原因、项目可持续性等。

(5)项目总结:自我评价结论及相关建议。

项目单位在编写自我总结评价报告时,应结合行业特点和项目实际,准备以下资料(如有)。

(1)项目前期文件。主要包括项目建议书、可行性研究报告、初步设计(含概算)文件、项目申请书、资金申请报告、开工报告、用地预审与规划选址报告、压覆矿产资源评估报告、环境影响评价报告、安全预评价报告、节能报告、重大项目社会稳定风险评估报告、洪水影响评价报告、航道通航条件影响评价报告、水资源论证报告、水土保持报告、金融机构出具的融资承诺文件等资料,以及相关批复文件。

(2)项目实施文件。主要包括项目招投标文件、主要合同文本、年度投资计划、概算调整报告、施工图设计文件、设计变更资料、施工组织设计和施工总结、调试总结报告、监理文件、竣工验收报告、环保"三同时"竣工验收报告、环境影响后评价文件等相关资料,以及相关批复文件。

(3)其他资料。主要包括项目结算和竣工财务决算报告及资料,项目运行和生产经营情况,财务报表以及其他相关资料,与项目有关的审计报告、监督检查或督导报告、数据资料等。

3)开展项目后评价

国家发改委根据项目后评价年度计划,委托具备相应能力的工程咨询单位承担项目后评价任务。不得委托参加过同一项目前期、建设实施工作或编写自我总结评价报告的工程咨询单位及其子公司、关联公司承担该项目的后评价任务。

承担项目后评价任务的工程咨询单位,应按照委托要求和投资管理相关规定,根据业内应遵循的评价方法、工作流程、质量保证要求和执业行为规范,独立开展项目后评价工作,在委托时限内完成项目后评价任务,提交合格的项目后评价报告。项目后评价报告一般包括以下内容。

(1)概述:项目基本情况、自我总结评价报告主要结论、项目后评价开展情况及主要结论。

（2）项目前期决策总结与评价：规划政策符合性、建设必要性评价，可行性研究报告、初步设计（含概算）文件、项目申请书及其审批或核准文件主要内容和调整情况及其评价。

（3）项目建设准备和实施总结与评价：开工准备、建设过程、组织管理、安全生产、资金落实和使用、竣工验收等情况及其评价。

（4）项目运行总结与评价：运行效果、制度建设执行等情况及其评价。

（5）项目效益效果评价：财务及经济效益、社会效益、生态环境损益及环保措施实施效果、资源和能源节约利用与保护效果、技术效果等评价。

（6）项目目标及可持续性评价。

（7）项目后评价结论及意见建议。

工程咨询单位在正式提交项目后评价报告前，应当采取适当方式听取项目单位意见，并将项目单位意见作为报告附件一并提交；对于涉及公众利益的非涉密项目，应当采取适当方式听取社会公众和行业专家的意见，并在后评价报告中予以客观反映。

4）成果反馈与应用

国家发改委就工程咨询单位提交的项目后评价报告，在征求有关方面意见基础上，形成后评价成果，并将后评价成果视情况提供给相关项目行业主管（监管）部门、省级发展改革部门，大力推广通过项目后评价总结出来的成功经验和做法，不断提高投资决策水平和投资效益。

项目单位及其所属部门、地方应深入分析问题原因，提出改进意见并认真落实，相关落实情况及时报送国家发改委、项目行业主管（监管）部门、项目所在地的省级发展改革部门。

国家发改委会同有关部门适时对部分后评价项目进行回访，重点了解后评价工作开展、成果应用及相关改进意见落实情况。

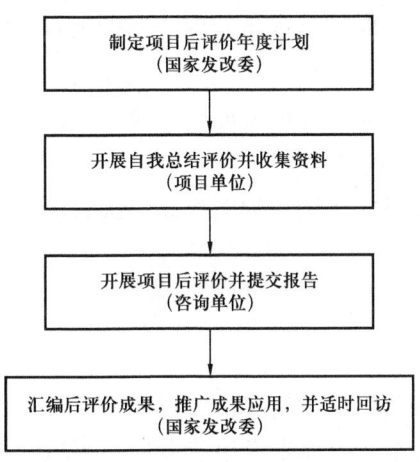

图 4-1 项目后评价工作流程示意图

四、办理周期

项目后评价每年度开展 1 次，周期为 1 年。

五、风险提示

《国家发展改革委重大项目后评价管理办法》(2024 年 9 月 1 日实施)。

第二十四条　项目单位存在不按时限提交自我总结评价报告，隐匿、虚报瞒报有关情况和数据资料，应将有关情况通报至相关行业主管（监管）部门或地方；情节严重的，可自处理之日起 1～3 年内暂停受理该项目单位中央预算内投资申请；涉嫌违纪违法的问题线索，按照规定移交纪检监察部门、司法机关，依法依纪追究其行政或法律责任。

第二节　环境影响后评价

环境影响后评价是指编制环境影响报告书的建设项目在通过环境保护设施竣工验收且稳定运行一定时期后，对其实际产生的环境影响以及污染防治、生态保护和风险防范措施的有效性进行跟踪监测和验证评价，并提出补救方案或者改进措施，提高环境影响评价有效性的方法与制度。

一、前置条件

主要前置条件包括环境影响评价及批复。下列建设项目运行过程中产生不符合经审批的环境影响报告书情形的，应当开展环境影响后评价：

（1）水利、水电、采掘、港口、铁路行业中实际环境影响程度和范围较大，且主要环境影响在项目建成运行一定时期后逐步显现的建设项目，以及其他行业中穿越重要生态环境敏感区的建设项目；

（2）冶金、石化和化工行业中有重大环境风险，建设地点敏感，且持续排放重金属或者持久性有机污染物的建设项目；

（3）审批环境影响报告书的环境保护主管部门认为应当开展环境影响后评价的其他建设项目。

二、职责

建设单位应当根据建设项目建设情况，按国家地方法律法规要求，开展环境影响后评价。并将环境影响后评价报告报原审批该建设项目环境影响报告书（表）的环境保护主管部门备案，接受环境保护主管部门的监督核查。

三、内容及一般流程

1. 内容

（1）建设单位或生产经营单位向原环境影响评价单位或其他具有资质的单位下委托；

（2）建设单位完成建设项目竣工图设计，并提交评价单位；

（3）评价单位根据竣工图设计成果完成后评价；

（4）建设单位组织后评价审查；

（5）评价单位根据审查意见完成后评价修改，并重新上报原环境影响评价单位审批；

（6）建设单位或生产经营单位落实环境影响后评价报告提出的改进措施；

（7）后评价通过审查后报原环境影响评价批复单位备案，接受批复单位监督核查。

2. 一般流程

环境影响后评价工作一般流程如图4-2所示。

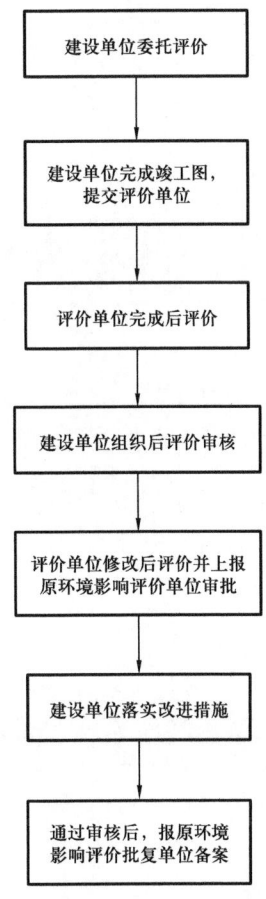

图4-2 环境影响后评价工作一般流程示意图

四、办理周期

项目投产使用三至五年内开展,一般需要 6~12 个月。

五、风险提示

《建设项目环境保护管理条例》(2017 年 10 月 1 日实施)。

第二十二条(节选) 违反本条例规定,建设单位编制建设项目初步设计未落实防治环境污染和生态破坏的措施以及环境保护设施投资概算,未将环境保护设施建设纳入施工合同,或者未依法开展环境影响后评价的,由建设项目所在地县级以上环境保护行政主管部门责令限期改正,处 5 万元以上 20 万元以下的罚款;逾期不改正的,处 20 万元以上 100 万元以下的罚款。

附录 相关法律法规

《中华人民共和国职业病防治法》（2018 年 12 月 29 日实施）
《中华人民共和国消防法》（2021 年 4 月 29 日实施）
《中华人民共和国文物保护法》（2017 年 11 月 5 日实施）
《中华人民共和国土地管理法》（2020 年 1 月 1 日实施）
《中华人民共和国突发事件应对法》（2024 年 11 月 1 日实施）
《中华人民共和国特种设备安全法》（2014 年 1 月 1 日实施）
《中华人民共和国水土保持法》（2011 年 3 月 1 日实施）
《中华人民共和国水法》（2016 年 9 月 1 日实施）
《中华人民共和国石油天然气管道保护法》（2010 年 10 月 1 日实施）
《中华人民共和国审计法》（2022 年 1 月 1 日实施）
《中华人民共和国森林法》（2020 年 7 月 1 日实施）
《中华人民共和国清洁生产促进法》（2012 年 7 月 1 日实施）
《中华人民共和国气象法》（2016 年 11 月 7 日实施）
《中华人民共和国矿产资源法》（2025 年 7 月 1 日实施）
《中华人民共和国军事设施保护法》（2021 年 8 月 1 日实施）
《中华人民共和国节约能源法》（2018 年 10 月 26 日实施）
《中华人民共和国环境影响评价法》（2018 年 12 月 29 日实施）
《中华人民共和国环境保护法》（2015 年 1 月 1 日实施）
《中华人民共和国航道法》（2016 年 9 月 1 日实施）
《中华人民共和国固体废物污染环境防治法》（2020 年 9 月 1 日实施）
《中华人民共和国防震减灾法》（2009 年 5 月 1 日实施）
《中华人民共和国防洪法》（2016 年 7 月 2 日实施）
《中华人民共和国城乡规划法》（2019 年 4 月 23 日实施）
《中华人民共和国建筑法》（2019 年 4 月 23 日实施）
《中华人民共和国草原法》（2021 年 4 月 29 日实施）
《中华人民共和国安全生产法》（2021 年 9 月 1 日实施）
《中华人民共和国刑法》（2021 年 3 月 1 日实施）
《中华人民共和国文物保护法实施条例》（2017 年 10 月 7 日实施）

《中华人民共和国土地管理法实施条例》（2021年9月1日实施）
《中华人民共和国森林法实施条例》（2018年3月19日实施）
《中华人民共和国内河交通安全管理条例》（2019年3月2日修订）
《中华人民共和国河道管理条例》（2018年3月19日实施）
《中华人民共和国航道管理条例》（2009年1月1日实施）
《中华人民共和国防汛条例》（2011年1月8日修订）
《公路安全保护条例》（2011年7月1日实施）
《电力设施保护条例》（2011年1月8日实施）
《地质灾害防治条例》（2004年3月1日实施）
《地震安全性评价管理条例》（2019年3月2日修订）
《规划环境影响评价条例》（2009年10月1日实施）
《国有土地上房屋征收与补偿条例》（2011年1月21日实施）
《危险化学品安全管理条例》（2013年12月7日修订）
《铁路安全管理条例》（2014年1月1日实施）
《特种设备安全监察条例》（2009年5月1日实施）
《取水许可和水资源费征收管理条例》（2017年3月1日实施）
《气象灾害防御条例》（2017年10月7日修订）
《建设工程质量管理条例》（2019年4月23日实施）
《企业投资项目核准和备案管理条例》（2017年2月1日实施）
《建设项目环境保护管理条例》（2017年10月1日实施）
《中华人民共和国水上水下作业和活动通航安全管理规定》（2021年9月1日实施）
《工程建设场地地震安全性评价管理暂行规定》（中震防发〔2017〕10号）
《建设工程消防设计审查验收管理暂行规定》（2023年10月30日实施）
《雷电防护装置设计审核和竣工验收规定》（2021年1月1日实施）
《河道管理范围内建设项目管理的有关规定》（2017年水利部令第49号修订）
《航道工程建设管理规定》（2020年2月1日实施）
《中华人民共和国水土保持法实施条例》（2011年1月8日修订）
《中华人民共和国军事设施保护法实施办法》（2001年1月12日实施）
《固定资产投资项目节能审查办法》（2017年1月1日实施）
《工业节能监察办法》（2023年2月1日实施）
《重大建设项目档案验收办法》（2006年6月14日实施）
《企业投资项目核准和备案管理办法》（2017年4月8日实施）
《危险化学品建设项目安全监督管理办法》（2015年7月1日实施）
《企业投资项目核准暂行办法》（2004年9月15日实施）
《建设用地审查报批管理办法》（2021年9月1日实施）

《建设项目职业病防护设施"三同时"监督管理办法》（2017年5月1日实施）
《建设项目用地预审管理办法》（2017年1月1日实施）
《建设项目选址规划管理办法》（建规〔1991〕583号）
《建设项目水资源论证管理办法》（2017年12月22日实施）
《建设项目使用林地审核审批管理办法》（2016年9月22日实施）
《建设项目环境影响后评价管理办法》（2016年1月1日实施）
《取水许可管理办法》（2017年12月22日实施）
《特种设备安全监督检查办法》（2022年7月1日实施）
《生产建设项目水土保持方案管理办法》（2023年3月1日实施）
《建设项目安全设施"三同时"监督管理办法》（2015年5月1日实施）
《航道通航条件影响评价审核管理办法》（2019年11月修订）
《建筑工程施工许可管理办法》（2021年3月30日实施）
《中华人民共和国矿产资源法实施细则》（1994年3月26日实施）
《建设工程消防设计审查验收工作细则》（2024年4月8日实施）
《建设项目环境影响评价分类管理名录》（2021年1月1日实施）
《全国国土规划纲要（2016—2030年）》
《化工建设项目安全设计管理导则》（AQ/T 3033—2022）
《危险化学品建设项目安全设施设计专篇编制导则》（安监总厅管三〔2013〕39号）
国务院《关于优化建设工程防雷许可的决定》（国发〔2016〕39号）
国务院《关于加强地质灾害防治工作的决定》（国发〔2011〕20号）
中共中央办公厅、国务院办公厅《关于建立健全重大决策社会稳定风险评估机制的指导意见（试行）的通知》（中办发〔2012〕2号）
自然资源部《关于以"多规合一"为基础推进规划用地"多审合一、多证合一"改革的通知》（自然资规〔2019〕2号）
自然资源部《关于进一步做好建设项目压覆重要矿产资源审批管理工作的通知》（国土资发〔2010〕137号）
自然资源部《关于规范临时用地管理的通知》（自然资规〔2021〕2号）
环境保护部《关于印发建设项目环境保护事中事后监督管理办法（试行）》的通知（环发〔2015〕163号）
环境保护部《关于发布建设项目竣工环境保护验收暂行办法》的公告（国环规环评〔2017〕4号）
国土资源部《关于严格土地利用总体规划实施管理的通知》（国土资发〔2012〕2号）
国土资源部《关于加强地质灾害危险性评估工作的通知》（国土资发〔2004〕69号）及其附件1《地质灾害危险性评估技术要求》
国家质量监督检验检疫总局《关于印发〈压力管道使用登记管理规则〉（试行）的通

知》（国质检锅〔2003〕213号）

国家发展改革委《关于印发〈国家发展改革委重大固定资产投资项目社会稳定风险评估暂行办法〉的通知》（发改投资〔2012〕2492号）

国家发展改革委办公厅《关于改进和完善企业投资项目核准程序有关规定的通知》（发改办投资〔2005〕1463号）

国家安全监管总局 住房城乡建设部《关于进一步加强危险化学品建设项目安全设计管理的通知》（安监总管三〔2013〕76号）

质检总局办公厅《关于进一步规范特种设备安装改造维修告知工作的通知》（质检办特函〔2013〕684号）

林草局《关于印发〈草原征占用审核审批管理规范〉的通知》（林草规〔2020〕2号）

国家能源局、国家铁路局关于印发《油气输送管道与铁路交汇工程技术及管理规定》的通知（国能油气〔2015〕392号）

国家发展改革委《国家发展改革委重大项目后评价管理办法》（2024年9月1日实施）

《关于进一步加强和改进建设项目用地预审工作的通知》（国土资发〔2012〕74号）

《关于进一步改进优化能源、交通、水利等重大建设项目用地组卷报批工作的通知》（自然资发〔2024〕36号）

《关于规范公路桥梁与石油天然气管道交叉工程管理的通知》（交公路发〔2015〕36号）

《关于贯彻落实国家林业局〈建设项目使用林地审核审批管理办法〉等有关文件的通知》（林资函〔2015〕835号）

《油气输送管道穿越工程设计规范》（GB 50423—2013）

《建筑物防雷设计规范》（GB 50057—2010）

《建筑物防雷工程施工与质量验收规范》（GB 50601—2010）

《建设项目工程结算编审规程》（CECA/GC 3—2010）

《建设工程文件归档规范》（GB/T 50328—2014）

《中华人民共和国海域使用管理法》（2002年1月1日实施）

《海域使用权管理规定》（2007年1月1日实施）

《政府投资条例》（2019年7月1日实施）

《中华人民共和气象法》（2016年11月7日实施）

《气象设施和气象探测环境保护条例》（2016年2月6日实施）

《新建扩建改建建设工程避免危害气象探测环境行政许可管理办法》（2020年5月1日实施）

《土地复垦条例》（2011年3月5日实施）

《中华人民共和国土地管理法》（2020年1月1日实施）

《建设工程质量管理条例》（2019年4月23日实施）
《石油天然气建设工程质量监督管理规范》（Q/SY 25002—2019）
《压力管道监督检验规则》（TSG D7006—2020）
《爆破作业项目管理要求》（GA 991—2012）
《民用爆炸物品安全管理条例》（2014年修订）
《国家发展改革委关于印发〈不单独进行节能审查行业目录〉的通知》（发改环资规〔2017〕1975号）